Christian Mašin
Gerald Grois

Physik
verstehen 2

www.oebv.at

Liebe Schülerin, lieber Schüler!

In diesem Schuljahr lernst du vielleicht zum ersten Mal in deiner Schulzeit das neue Fach „Physik" genauer kennen. Wahrscheinlich kennst du aber bereits ein paar interessante Versuche und Vorgänge aus dem großen Gebiet der Naturwissenschaften – sei es von deiner Familie, aus der Volksschule oder aus den Medien. Dieses Buch soll dir helfen, tiefer in die spannende Welt der Physik einzutauchen. Das Autorenteam wünscht dir und deiner Lehrerin/deinem Lehrer viel Vergnügen beim Physikunterricht!

Auf dieser Doppelseite zeigen wir dir, wie dieses Buch aufgebaut ist. Das Schulbuch hat drei große Kapitel (zB „Die Welt, in der wir uns bewegen"). Jedes Kapitel besteht aus mehreren Themen (zB „Geschwindigkeit und Arten der Bewegung"). Zwei gegenüberliegende Seiten behandeln ein Thema.

Christian Mašin und Gerald Grois

Jedes Thema ist durch Fragen gegliedert.
Physikerinnen und Physiker stellen Fragen an die Natur und versuchen, sie durch Versuche und logisches Denken zu beantworten.

Die Beantwortung liefert meist ein Versuch.
Die Versuche sind oft einfach nachzumachen, ob im Physikunterricht oder zu Hause. Physik ohne Versuche funktioniert nicht!
Manchmal benötigst du zusätzliche Hinweise zu den Versuchen.
Du findest sie auf den Seiten 88 bis 91.
Versuche für Lehrerinnen und Lehrer sind mit LV gekennzeichnet.

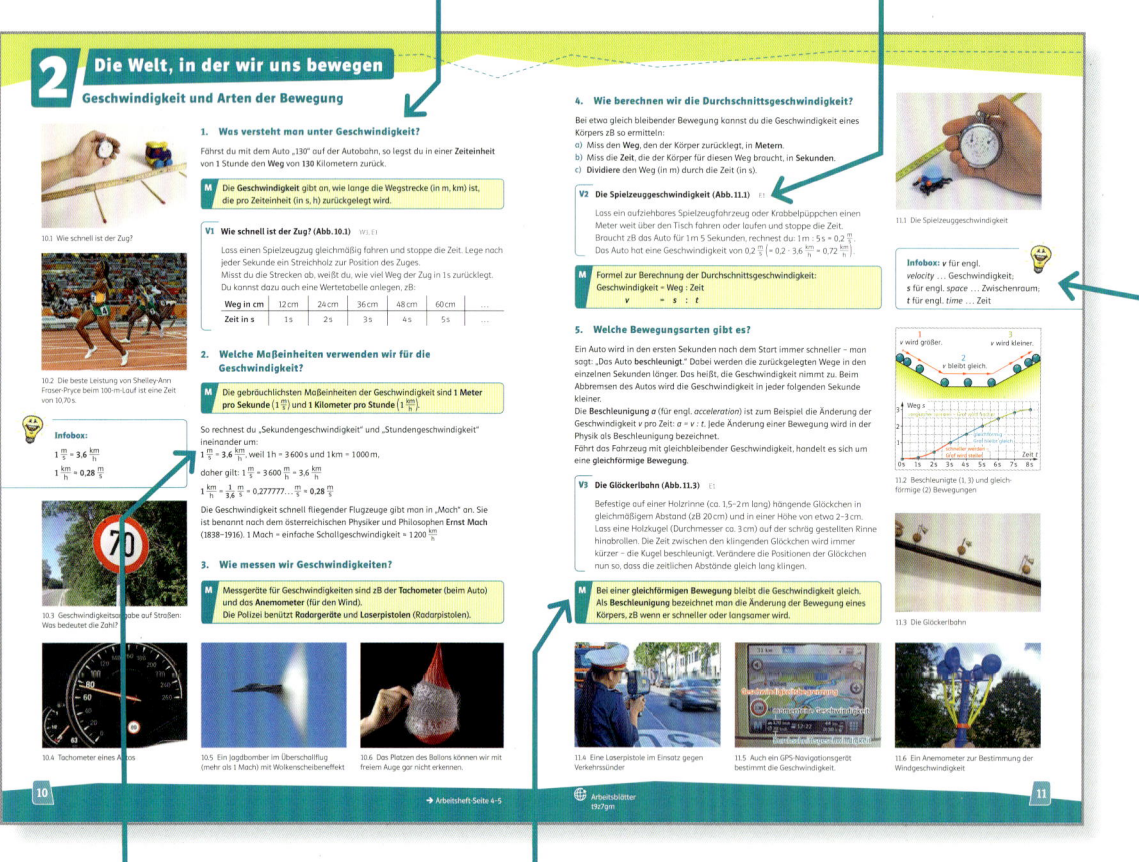

Erklärungen zu den Ergebnissen der Versuche und weitere Inhalte findest du im **Text**.

Merktexte fassen die wichtigsten Informationen kurz zusammen.

Infoboxen stellen Sachverhalte einfach dar und liefern zusätzliche Informationen.

Am Ende eines Abschnittes findest du eine Doppelseite **Basis und Plus – Das kann ich!** Diese Seiten helfen dir, den Lernstoff zu wiederholen und zu üben.

Physik verstehen-Seiten findest du ebenfalls am Ende eines Abschnittes. **Physik verstehen im Alltag** bringt dir Gegenstände und Vorgänge des täglichen Lebens näher. **Physik verstehen: Versuche** zeigt dir Experimente, die du zu den jeweiligen Themen durchführen kannst.

Alle **Aufgaben** in diesem Buch sind mit einem dreieckigen Zeichen markiert. Damit weißt du sofort, um welche Aufgabenart es sich handelt. Wenn du die Aufgaben löst, kannst du selbst überprüfen, was du gut beherrschst und wobei du dir noch schwer tust.

 Aufgaben mit diesem Zeichen helfen dir, Fachwissen zu erwerben und Grundfertigkeiten zu erlernen.

 Bei diesen Aufgaben kannst du dein erworbenes Fachwissen und deine erlernten Grundfertigkeiten anwenden.

 Diese Aufgaben fordern dich auf, selbstständig Lösungswege zu finden oder etwas zu beurteilen. Dabei kann es sein, dass du zusätzliche Informationen benötigst, zB aus dem Internet oder aus Nachschlagewerken.

Die Buchstaben neben den Versuchen und unter den Aufgaben kennzeichnen die Handlungskompetenzen.

Wissen organisieren:
W1: Vorgänge beschreiben
W2: Aus Medien Informationen entnehmen
W3: Vorgänge darstellen (Grafiken, Tabellen …)
W4: Auswirkungen auf die Umwelt erfassen

Erkenntnisse gewinnen:
E1: Messungen durchführen und beschreiben
E2: Vermutungen aufstellen
E3: Zu Fragestellungen einen Versuch durchführen
E4: Ergebnisse untersuchen und deuten

Schlüsse ziehen:
S1: Daten aus Medien bewerten
S2: Bedeutung von Erkenntnissen für Menschen erfassen
S3: Bedeutung für verschiedene Berufsfelder erkennen
S4: Fachlich korrekt und folgerichtig argumentieren

Lehrwerk Online-Codes: Hier findest du genaue Verweise auf kostenloses Online-Zusatzmaterial.

Im Schulbuch eingedruckter Lehrwerk Online-Code.

Gehe auf www.oebv.at.

Gib den Code im Suchfeld ein und du erhältst Zusatzmaterial.

Arbeitsblätter
t9z7gm

 www.oebv.at

 t9z7gm

Zusatzmaterial

Die Lösungen der Aufgaben findest du zur Selbstkontrolle mit dem Code p9h2xw.

Inhaltsverzeichnis

Gerald Grois

4.1 Zwischen Stäben und Fäden gespannte Seifenhäute dienten hier als Vorbild.

4.2 Flugsamen – ein Beispiel für großen Luftwiderstand

4.3 Ein Zahnradgetriebe kann Kräfte übertragen und verstärken.

Christian Mašin

5.1 Ein Flugzeug fliegt durch den Auftrieb in strömender Luft.

5.2 Füllfedern und Schreibpapier enthalten Kapillaren.

5.3 Enten machen ihr Gefieder durch Fett wasserabweisend.

Teilgebiete der Physik

Weshalb lassen sich Marmeladegläser so schwer öffnen? Woraus besteht ein Stern? Warum gibt es Farben? Wieso fällt manchmal die Sicherung? Warum muss man quietschende Türen ölen?

Die Physik versucht, solche Fragen über die **Vorgänge in Natur und Technik** zu beantworten. Willst du einen Vorgang verstehen, musst du deine Umwelt genau beobachten und beschreiben können. Manchmal findest du dabei Zusammenhänge in diesen Vorgängen – sogenannte *„Naturgesetze"*.

Galileo Galilei (→ Seite 8) konnte herausfinden, dass eigentlich alle Gegenstände gleich schnell zu Boden fallen sollten. Dabei ist es ganz egal, wie schwer sie sind. Das ist für dich vielleicht nicht ganz verständlich, denn du weißt ja, dass ein Blatt Papier langsamer zu Boden segelt als ein Stein. Knüllst du das Papier aber fest zusammen, wirst du merken, dass es doch so schnell wie der Stein fällt. Ein **Experiment (Versuch)** hilft dabei, unter kontrollierten Bedingungen einzelne Vorgänge zu beobachten und zu verstehen.

Heute ist es für eine einzelne Person nicht mehr möglich, sich mit allen Erkenntnissen zu beschäftigen, die die Menschheit über die Naturgesetze herausgefunden hat. Es gibt einige **Teilgebiete der Physik**, von denen dir auf dieser Seite ein paar vorgestellt werden.

6.1 **Mechanik** – Lehre von Körpern und Kräften

6.2 **Optik** – Lehre vom Licht

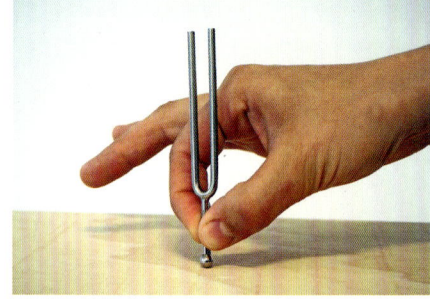

6.3 **Akustik** – Lehre vom Schall

6.4 **Atomphysik** – Lehre vom Aufbau der Stoffe (Materialien)

6.5 **Elektrizitätslehre** – Lehre von den elektrischen Ladungen und vom Strom

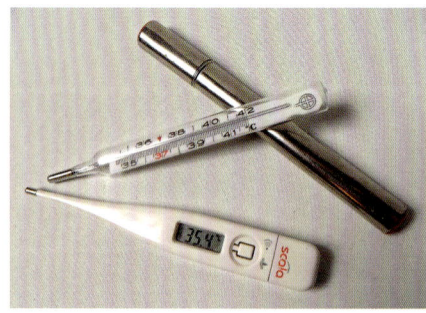

6.6 **Wärmelehre** – Lehre von den Wärmeerscheinungen

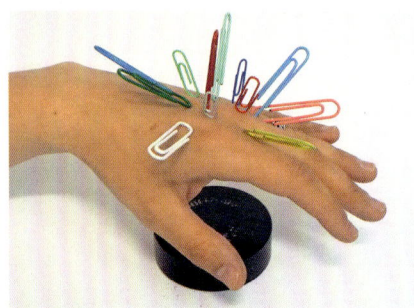

6.7 **Magnetismus** – Lehre von den magnetischen Erscheinungen

6.8 **Strömungslehre** – Lehre von sich bewegenden Flüssigkeiten und Gasen

6.9 **Astronomie** – Lehre von den Himmelskörpern (Sterne, Planeten …)

In der Physik wird experimentiert und gemessen!

Wenn Wissenschafterinnen und Wissenschafter experimentieren, machen sie das nicht nur zum Spaß! Versuche sollen die Natur erklären und neue Erkenntnisse liefern. Andere Forscherinnen und Forscher müssen diese Versuche auch nachmachen können. Deshalb sind Experimente meist genau beschrieben. Führst du ein Experiment – auch eines aus diesem Buch – durch, so sollst auch du deine Arbeit gut planen und dokumentieren: Gib deinen Experimenten einen aussagekräftigen **Titel**. Eine **Materialliste** gibt an, was du für den Versuch benötigst. Beschreibe die **Durchführung** des Versuchs genau und zeichne eine **Skizze**. Du kannst auch ein Foto machen. Eine **Erklärung** soll das Versuchsergebnis erläutern. Ein Beispiel:

7.1 Luftballon am Spieß

> **V1** **Luftballon am Spieß (Abb. 7.1)**   W1, E3
>
> **Material**
> kleiner Luftballon, Schaschlikspieß (sehr spitz), Kerzenwachs
> **Durchführung**
> - Blase den Ballon nicht zu stark auf und knote ihn zu. Der Gummi soll bei der Öffnung und am Scheitel noch dunkel sein.
> - Wachse den Spieß etwas ein. Das macht das Holz glatter.
> - Drehe die Spitze durch den dunklen Gummi neben dem Knoten.
> - Führe die Spitze des Spießes zur dunklen Stelle am Scheitel des Ballons und drehe sie ebenfalls langsam durch. Eventuell musst du mit dem Fingernagel den Gummi etwas aufkratzen.
> - Dringt die Spitze durch den Gummi, kannst du den Spieß durch den Ballon führen. Dabei entweicht keine Luft und der Ballon platzt nicht.
>
> **Erklärung**
> Sticht man ein Loch in die ungespannten Stellen eines Luftballons, so platzt er nicht. Der Gummi legt sich um den Spieß, die Luft entweicht nicht.

7.2 Elle am Freiburger Münster

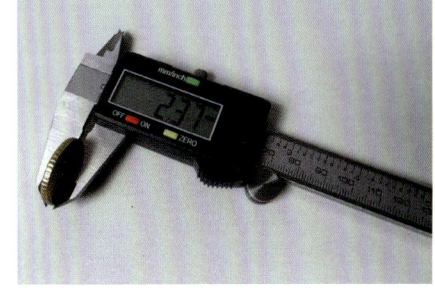

7.3 Sehr genau gemessen!

Vom Messen

Um Versuchsergebnisse gut vergleichen und verwenden zu können, muss man sie oft messen. Das stellte vor über 200 Jahren noch ein Problem dar! Wollte man zB die Länge einer Stoffbahn nachprüfen, begab man sich zur Kirchenpforte und verglich mit der im Stein verankerten „Elle" (Abb. 7.2). In verschiedenen Städten und Ländern waren die Längenangaben allerdings nicht gleich. Daher konnten sie nur schwer ausgetauscht werden. Aus diesem Grund wurde in Paris im Jahr 1793 für Längen die Einheit „*Meter*" eingeführt. 1 Meter sollte der *40-millionste Teil des Erdumfangs* sein. 1889 wurde diese Länge als **internationaler Meterprototyp** oder „Urmeter" aus Platin und Iridium gefertigt. Kopien davon wurden in alle Welt geschickt, um Längen vergleichen zu können.

Für manche Messungen musst du Tricks anwenden! Willst du zB das **Volumen** eines Steins in cm^3 (= ml) bestimmen, kannst du nicht mit einem Lineal arbeiten.

Infobox:
Wichtige Volumsmaße:
$1 l = 1 dm^3$
$1 l = 1000 ml$
$1 dm^3 = 1000 cm^3$
$1 ml = 1 cm^3$
Vorsilben: → Seite 93

> **V2** **Sehr genau gemessen! (Abb. 7.3)**   E1, E4
>
> Miss die Dicke von Euro-Münzen mit einer digitalen Schiebelehre. Vergleiche die Messergebnisse mit den offiziellen Daten (→ Seite 88).

> **V3** **Wie groß ist der Stein? (Abb. 7.4)**   E1
>
> Fülle ein Messglas zur Hälfte mit Wasser. Hänge den Stein – er soll ins Glas passen (!) – an ein Stück Zwirn. Tauchst du den Stein ins Wasser, steigt der Wasserspiegel um so viel ml (cm^3), wie das Volumen des Steins beträgt.

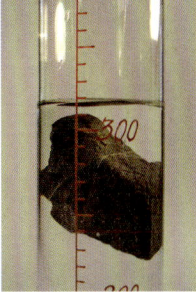

7.4 Wie groß ist der Stein?

1 Forscher prägen das Bild der Welt

Seit etwa 2 500 Jahren gibt es das Berufsbild der „Forscher". Diese zehn Forscher fanden einiges heraus, das du auch in deinem Physikbuch findest. Frauen sind allerdings nicht darunter, da sie sich bis etwa zum Jahr 1900 nicht mit Wissenschaft beschäftigen durften – meinten jedenfalls die Männer der damaligen Zeit! Heute arbeiten sowohl Frauen als auch Männer gleichberechtigt an der Erforschung der Welt.

8.1 Demokrit von Abdera (ca. 460–ca. 371 v. Chr.)
Er nahm an, dass alle Dinge dieser Welt aus unendlich vielen, unteilbaren, kleinsten Teilchen bestehen – den Atomen. Sie sollten sich in Form und Gewicht unterscheiden, sich zusammenballen, trennen und bewegen können.

8.2 Archimedes (ca. 287–212 v. Chr.)
Er untersuchte die Gesetze des Hebels und fand das „archimedische Prinzip" zum Auftrieb in Wasser. Er erfand den Brennspiegel, die Schraube, den Flaschenzug und verschiedene Kriegsgeräte.

8.3 Galileo Galilei (1564–1642)
Er führte als erster Forscher Experimente und Messungen durch. Er fand das Trägheitsgesetz, untersuchte Bewegungen, den freien Fall und Pendelschwingungen. Mit seinem Teleskop konnte er vier Jupitermonde entdecken.

8.4 Blaise Pascal (1623–1662)
Er fand das Gesetz der verbundenen Gefäße und die allseitige Ausbreitung des Drucks in Wasser. Er baute eine Dampfmaschine und die erste Rechenmaschine. Die Einheit des Drucks ist nach ihm benannt.

8.5 Sir Isaac Newton (1643–1727)
Der Begründer der „klassischen Physik" fand das Gesetz von Kraft und Gegenkraft, das Gravitationsgesetz, berechnete Bewegungen und zerlegte das Licht in einzelne Farben. Er erfand auch das Spiegelteleskop. Die Einheit der Kraft ist nach ihm benannt.

8.6 Anders Celsius (1701–1744)
Er schlug eine Temperaturskala vor, die den Siedepunkt des Wassers bei 0° und den Schmelzpunkt des Eises bei 100° hatte. Die umgedrehte Skala ist nach ihm benannt. Er beobachtete auch die Saturnmonde und bestimmte Sternhelligkeiten.

8.7 James Watt (1736–1819)
Er verbesserte die Dampfmaschine, erfand den Fliehkraftregler, gründete die erste Dampfmaschinenfabrik und führte die „Pferdestärke" (PS) als Leistungsangabe ein. Die Einheit der Leistung ist nach ihm benannt.

8.8 Julius Robert von Mayer (1814–1878)
Als Folge seiner Forschungen am menschlichen Blut erklärte er, dass man Energie nicht erzeugen oder vernichten kann. Sie wird nur in verschiedene Formen umgewandelt (Energieerhaltungssatz).

8.9 James Prescott Joule (1818–1889)
Er fand heraus, dass Wärme die Bewegung der Teilchen ist. Er formulierte ebenfalls den Energieerhaltungssatz und experimentierte mit Elektromagneten. Die Einheit der Arbeit, Energie und Wärmemenge ist nach ihm benannt.

8.10 Sir William Thomson, 1st Baron Kelvin of Largs (1824–1907)
Er fand heraus, dass die tiefst mögliche Temperatur bei etwa −273 °C liegt und setzte dort die Einheit der physikalischen Temperaturskala fest. Heute wird diese nach ihm Kelvin genannt. Er führte die Bezeichnung Energie ein.

1. Zu welchem Teilbereich der Physik passt dieser Gegenstand am besten? Kannst du deine Auswahl erklären?

W1

Bohrmaschine	☐ Mechanik ☐ Akustik ☐ Atomphysik ☐ Elektrizitätslehre ☐ Strömungslehre

Klavier	☐ Strömungslehre ☐ Astronomie ☐ Magnetismus ☐ Akustik ☐ Mechanik

2. a) Wie viel ml Wasser sind in den Messgläsern?   b) Fülle die beiden Messgläser mit je 220 ml Wasser.

W3

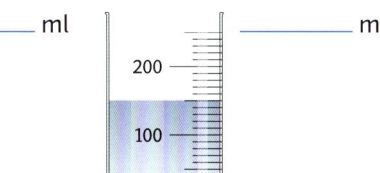

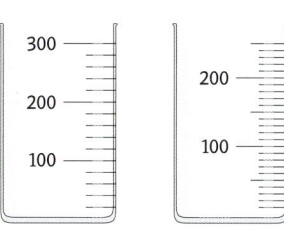

Plus

3. Zu welchen 3 Teilbereichen der Physik kannst du dieses Bild am besten zuordnen?
Kannst du deine Auswahl erklären?

W1

☐ Mechanik ☐ Akustik ☐ Atomphysik ☐ Elektrizitätslehre
☐ Strömungslehre ☐ Astronomie ☐ Magnetismus
☐ Optik ☐ Wärmelehre

9.1 Taschenlampe

4. a) Wie viel ml Wasser sind in den Messgläsern?   b) Du benötigst 0,5 l Wasser, hast aber nur diese Mess-

W3

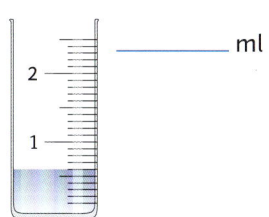

gläser. Wie könntest du die benötigte Menge abfüllen?

5. Wie viel **cm³** beträgt das Volumen des Steins?

W3

Ein Teilstrich auf dem Messglas bedeutet _____ ml (cm³).

Das Volumen des Steins beträgt _____ cm³.

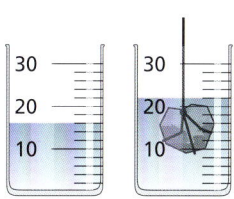

6. Recherchiere: „Das Urmeter entspricht etwa der Länge eines Sekundenpendels." Was ist ein „Sekundenpendel"?

W2

_____

_____

Geschwindigkeit und Arten der Bewegung

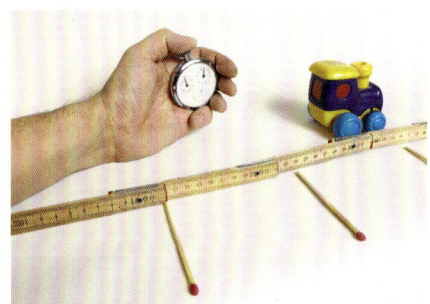

10.1 Wie schnell ist der Zug?

10.2 Die beste Leistung von Shelley-Ann Fraser-Pryce beim 100-m-Lauf ist eine Zeit von 10,70 s.

Infobox:

$1 \frac{m}{s} = 3{,}6 \frac{km}{h}$

$1 \frac{km}{h} \approx 0{,}28 \frac{m}{s}$

10.3 Geschwindigkeitsangabe auf Straßen: Was bedeutet die Zahl?

1. Was versteht man unter Geschwindigkeit?

Fährst du mit dem Auto „130" auf der Autobahn, so legst du in einer **Zeiteinheit** von **1** Stunde den **Weg** von **130** Kilometern zurück.

> **M** Die **Geschwindigkeit** gibt an, wie lange die Wegstrecke (in m, km) ist, die pro Zeiteinheit (in s, h) zurückgelegt wird.

> **V1 Wie schnell ist der Zug? (Abb. 10.1)**   W3, E1
>
> Lass einen Spielzeugzug gleichmäßig fahren und stoppe die Zeit. Lege nach jeder Sekunde ein Streichholz zur Position des Zuges.
> Misst du die Strecken ab, weißt du, wie viel Weg der Zug in 1 s zurücklegt.
> Du kannst dazu auch eine Wertetabelle anlegen, zB:
>
> | Weg in cm | 12 cm | 24 cm | 36 cm | 48 cm | 60 cm | … |
> |---|---|---|---|---|---|---|
> | Zeit in s | 1 s | 2 s | 3 s | 4 s | 5 s | … |

2. Welche Maßeinheiten verwenden wir für die Geschwindigkeit?

> **M** Die gebräuchlichsten Maßeinheiten der Geschwindigkeit sind **1 Meter pro Sekunde** $\left(1 \frac{m}{s}\right)$ und **1 Kilometer pro Stunde** $\left(1 \frac{km}{h}\right)$.

So rechnest du „Sekundengeschwindigkeit" und „Stundengeschwindigkeit" ineinander um:

$1 \frac{m}{s} = 3{,}6 \frac{km}{h}$, weil 1 h = 3 600 s und 1 km = 1 000 m,

daher gilt: $1 \frac{m}{s} = 3 600 \frac{m}{h} = 3{,}6 \frac{km}{h}$

$1 \frac{km}{h} = \frac{1}{3{,}6} \frac{m}{s} = 0{,}277777… \frac{m}{s} \approx 0{,}28 \frac{m}{s}$

Die Geschwindigkeit schnell fliegender Flugzeuge gibt man in „Mach" an. Sie ist benannt nach dem österreichischen Physiker und Philosophen **Ernst Mach** (1838–1916). 1 Mach = einfache Schallgeschwindigkeit $\approx 1200 \frac{km}{h}$

3. Wie messen wir Geschwindigkeiten?

> **M** Messgeräte für Geschwindigkeiten sind zB der **Tachometer** (beim Auto) und das **Anemometer** (für den Wind).
> Die Polizei benützt **Radargeräte** und **Laserpistolen** (Radarpistolen).

10.4 Tachometer eines Autos

10.5 Ein Jagdbomber im Überschallflug (mehr als 1 Mach) mit Wolkenscheibeneffekt

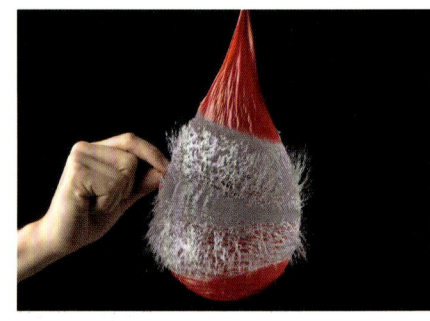

10.6 Das Platzen des Ballons können wir mit freiem Auge gar nicht erkennen.

4. Wie berechnen wir die Durchschnittsgeschwindigkeit?

Bei etwa gleich bleibender Bewegung kannst du die Geschwindigkeit eines Körpers zB so ermitteln:

a) Miss den **Weg**, den der Körper zurücklegt, in **Metern**.
b) Miss die **Zeit**, die der Körper für diesen Weg braucht, in **Sekunden**.
c) **Dividiere** den Weg (in m) durch die Zeit (in s).

> **V2** **Die Spielzeuggeschwindigkeit (Abb. 11.1)**   E1
>
> Lass ein aufziehbares Spielzeugfahrzeug oder Krabbelpüppchen einen Meter weit über den Tisch fahren oder laufen und stoppe die Zeit. Braucht zB das Auto für 1 m 5 Sekunden, rechnest du: $1\,m : 5\,s = 0{,}2\,\frac{m}{s}$. Das Auto hat eine Geschwindigkeit von $0{,}2\,\frac{m}{s}\left(= 0{,}2 \cdot 3{,}6\,\frac{km}{h} = 0{,}72\,\frac{km}{h}\right)$.

11.1 Die Spielzeuggeschwindigkeit

> **M** Formel zur Berechnung der Durchschnittsgeschwindigkeit:
> Geschwindigkeit = Weg : Zeit
> $$v \quad = \quad s \;:\; t$$

Infobox: *v* für engl. *velocity* … Geschwindigkeit; *s* für engl. *space* … Zwischenraum; *t* für engl. *time* … Zeit

5. Welche Bewegungsarten gibt es?

Ein Auto wird in den ersten Sekunden nach dem Start immer schneller – man sagt: „Das Auto **beschleunigt**." Dabei werden die zurückgelegten Wege in den einzelnen Sekunden länger. Das heißt, die Geschwindigkeit nimmt zu. Beim Abbremsen des Autos wird die Geschwindigkeit in jeder folgenden Sekunde kleiner.

Die **Beschleunigung** *a* (für engl. *acceleration*) ist zum Beispiel die Änderung der Geschwindigkeit *v* pro Zeit: $a = v : t$. Jede Änderung einer Bewegung wird in der Physik als Beschleunigung bezeichnet.

Fährt das Fahrzeug mit gleichbleibender Geschwindigkeit, handelt es sich um eine **gleichförmige Bewegung**.

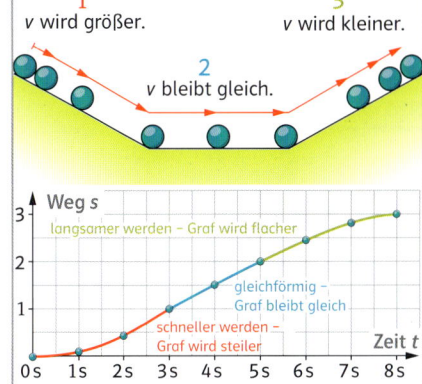

11.2 Beschleunigte (1, 3) und gleichförmige (2) Bewegungen

> **V3** **Die Glöckerlbahn (Abb. 11.3)**   E1
>
> Befestige auf einer Holzrinne (ca. 1,5–2 m lang) hängende Glöckchen in gleichmäßigem Abstand (zB 20 cm) und in einer Höhe von etwa 2–3 cm. Lass eine Holzkugel (Durchmesser ca. 3 cm) auf der schräg gestellten Rinne hinabrollen. Die Zeit zwischen den klingenden Glöckchen wird immer kürzer – die Kugel beschleunigt. Verändere die Positionen der Glöckchen nun so, dass die zeitlichen Abstände gleich lang klingen.

> **M** Bei einer **gleichförmigen Bewegung** bleibt die Geschwindigkeit gleich. Als **Beschleunigung** bezeichnet man die Änderung der Bewegung eines Körpers, zB wenn er schneller oder langsamer wird.

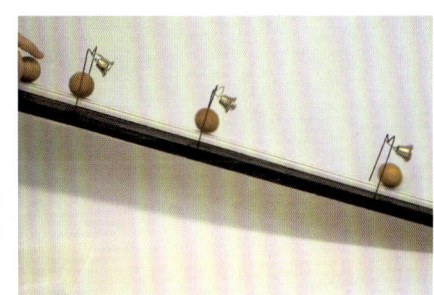

11.3 Die Glöckerlbahn

11.4 Eine Laserpistole im Einsatz gegen Verkehrssünder

11.5 Auch ein GPS-Navigationsgerät bestimmt die Geschwindigkeit.

11.6 Ein Anemometer zur Bestimmung der Windgeschwindigkeit

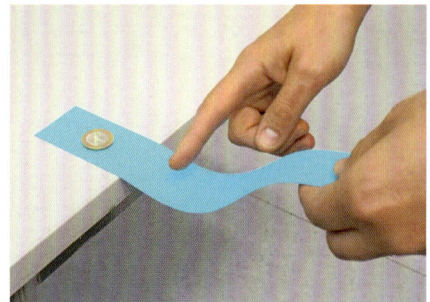

12.1 Wo die Münze bleibt ...

12.2 Hält der Zwirn?

Losfahren

Fahrer nicht angegurtet   Bremsen

12.3 Verhalten eines Körpers beim Losfahren und Bremsen

Infobox:
1 kg = 1000 g (Gramm)
1 dag (Dekagramm) = 10 g
1 t (Tonne) = 1000 kg

1. Wie zeigt sich die Masse eines Körpers?

Körper bestehen aus verschiedensten Materialien („Stoffen"). Sie alle haben aber zwei Eigenschaften, die man unter dem Begriff **Masse** zusammenfasst:

a) Jeder Körper setzt einer Änderung seiner Geschwindigkeit oder seiner Bewegungsrichtung einen Widerstand entgegen („jeder Körper möchte seine Bewegung beibehalten"). Diese Eigenschaft wird **Trägheit** genannt. Je größer die Masse eines Körpers ist, umso größer ist auch seine Trägheit. Er lässt sich zB schwerer in Bewegung setzen oder aus seiner Bewegungsrichtung ablenken.

V1 **Wo die Münze bleibt ... (Abb. 12.1)**   E1

Lege eine Münze auf einen schmalen Papierstreifen am Tischrand. Ziehe zuerst langsam am Papierstreifen, dann ruckartig.
Beim langsamen Ziehen bewegt sich die Münze mit dem Papier mit.
Beim ruckartigen Ziehen bleibt sie durch ihre Trägheit am Tisch liegen.

V2 **Hält der Zwirn? (Abb. 12.2)**   E1

Binde jeweils einen Zwirnfaden an ein Massestück von 1 kg und 10 g.
Hebe die beiden Körper zuerst langsam, dann ruckartig am Faden hoch.
Beim ruckartigen Heben zeigt sich die unterschiedliche Trägheit der beiden Körper. Beim 1-kg-Stück reißt der Faden.

b) Zwischen allen Körpern gibt es eine Anziehungs- oder Gravitationskraft (lat. *gravitas* ... Schwere). Diese spüren wir auf der Erde als Gewichtskraft.

M Die Masse eines Körpers zeigt sich durch seine **Trägheit** und durch seine **Gewichtskraft**.

2. Welche Maßeinheit verwenden wir für die Masse?

Um Trägheit und Gewichtskraft von Körpern vergleichen zu können, brauchen wir einen einfachen Vergleichskörper. Daher setzte man die Masse von 1 dm³ (= 1 l) Wasser bei ca. +4 °C als Maßeinheit fest und nannte sie **1 Kilogramm** (1 kg). Zur genauen Bestimmung von Vergleichsmassen wurde 1889 in Paris ein Metallzylinder aus Platin und Iridium hergestellt. Dieses „Urkilogramm" wurde 2019 durch eine Kugel aus Silicium ersetzt, die exakt 1 kg Masse hat (Abb. 12.6).

M Die Einheit der **Masse *m*** ist **1 Kilogramm** (1 kg).
1 kg Masse entspricht etwa der Masse von 1 dm³ (1 l) Wasser.

12.4 Vergleich der Massen verschiedener Körper

12.5 Die Masse von 1 kg entspricht etwa der Masse von 1 Liter Wasser.

12.6 Eine Kugel aus Silicium (links) ersetzte 2019 das „Urkilogramm" (rechts).

3. Wie bestimmt man die Masse eines Körpers?

Ein Körper hat die Masse von 1 kg, wenn auf ihn die gleiche Gewichtskraft wirkt wie auf ein 1-kg-Wägestück.

Wir brauchen dazu zB eine **Balkenwaage** mit genormten Wägestücken. In **Digital-** oder **Personenwaagen** befinden sich Federn, die durch das darauf lastende Gewicht gedehnt oder zusammengedrückt werden.

V3 Massen auf der Balkenwaage (Abb. 13.2) E1

Bestimme mit einer Balkenwaage die Masse von Körpern, indem du sie mit der Masse von Wägestücken vergleichst. Gib die Masse des Körpers in Gramm an, indem du die Massen der Wägestücke addierst.

M Messgeräte zur Bestimmung der Masse eines Körpers heißen **Waagen**.

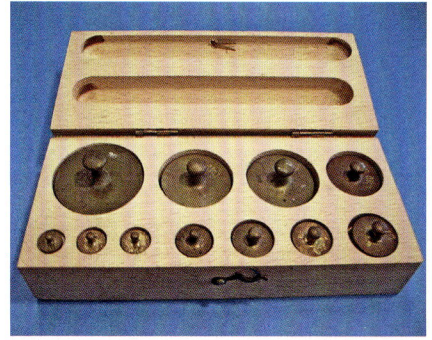

13.1 Ein Wägesatz zum Bestimmen der Masse auf der Balkenwaage

4. Was versteht man unter der Dichte eines Stoffes?

Ein großer Block aus Styropor kann weniger Masse haben als ein kleineres Stück Kupfer. Zum richtigen Vergleichen der Massen nehmen wir daher zwei gleich große Stücke dieser Stoffe. Diese beiden Stücke haben den gleichen Rauminhalt, also das gleiche Volumen (Abb. 13.3).

Misst man die **Masse** einer **Raumeinheit** (1cm^3, 1dm^3, 1m^3), spricht man von der **Dichte** (ϱ, sprich „rho"). Die Dichte ist eine wichtige Materialeigenschaft, mit deren Hilfe wir Stoffe voneinander unterscheiden können.

V4 Wir bestimmen die Dichte! (Abb. 13.4) E1

Miss die Masse einiger Stoffe mit dem Rauminhalt von 1cm^3 mit einer Laborwaage (Genauigkeit 0,1 g). Du erhältst unterschiedliche Dichtewerte.

Beispiel: Die Dichte von Stahl beträgt etwa $7{,}8 \frac{g}{cm^3}$. Das heißt: 1cm^3 Stahl hat eine Masse von 7,8 g, 1dm^3 Stahl 7,8 kg und 1m^3 Stahl 7,8 t.

Weitere Dichteangaben findest du auf → Seite 94.

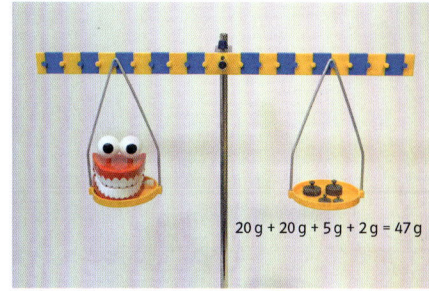

13.2 Massen auf der Balkenwaage

Infobox:
Weniger als 1 Gramm:
1 dg (Dezigramm) = 0,1 g
1 cg (Zentigramm) = 0,01 g
1 mg (Milligramm) = 0,001 g

M Die **Dichte** eines Stoffes ist die **Masse pro Raumeinheit**.
Maßeinheiten der Dichte sind $1 \frac{g}{cm^3} = 1 \frac{kg}{dm^3} = 1 \frac{t}{m^3}$.

Die Dichte von Gasen ist mit $\frac{g}{dm^3}$ angegeben.
Berechnung: **Dichte (ϱ) = Masse (m) : Volumen (V)**

V5 Die Schwimmprobe – ein Schnelltest (Abb. 13.5) E1

Gib Proben verschiedener Stoffe (ohne Lufteinschlüsse!) in ein Gefäß mit Wasser $\left(\varrho = 1 \frac{g}{cm^3}\right)$. Stoffe mit einer kleineren Dichte als Wasser schwimmen, Stoffe mit einer größeren Dichte sinken.

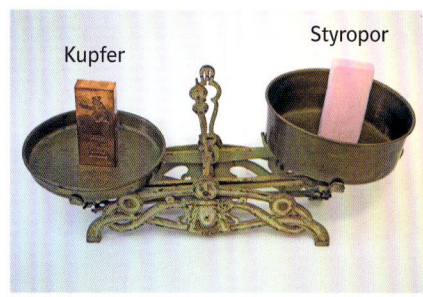

13.3 Bei gleichem Volumen haben verschiedene Stoffe verschiedene Massen.

 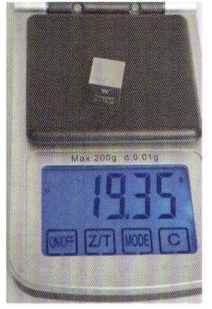

13.4 Wir bestimmen die Dichte! Welche Metalle liegen hier? → Seite 94!

13.5 Die Schwimmprobe – ein Schnelltest

13.6 Verschieden dichte Flüssigkeiten: Honig, Wasser, Speiseöl, Spiritus

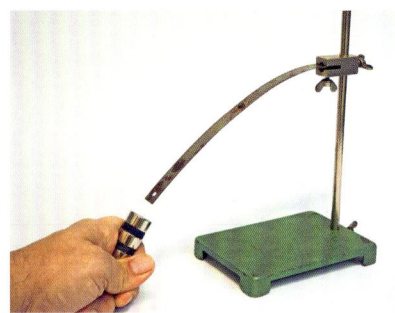

14.1 Die gebogene Stahlfeder

1. Welche Wirkungen kann eine Kraft haben?

Kräfte siehst du nicht. Du kannst nur ihre Auswirkungen beobachten.

> **V1 Die gebogene Stahlfeder (Abb. 14.1)** E1
>
> Befestige eine stählerne Blattfeder mit einer Klemme an einem Stativ oder mit einem starken Klebeband an der Tischkante. Bringe einen Magneten in die Nähe der Feder. Durch die magnetische Kraft wird die Feder verbogen.

Kräfte können Körper verformen. Sie können Körper auch in Bewegung setzen, abbremsen oder aus der Richtung bringen. Für jede Änderung der Form oder Bewegung eines Körpers ist eine **Kraft F** notwendig.

> **M** Eine **Kraft F** kann einen Körper durch Druck oder Zug **verformen** oder seinen **Bewegungszustand ändern** (ihn beschleunigen oder aus seiner Bewegungsrichtung ablenken).

Infobox:
F für engl. *force* … Kraft

14.2 Die Muskelkraft verformt eine Stahlfeder.

2. Welche Arten von Kräften gibt es?

> **V2 Die Blaskanone (Abb. 14.3)** E1, E2
>
> Verschließe die Öffnung eines Trinkhalms mit einem Kügelchen eines nassen Papierstücks (Taschentuch). Blase fest in den Trinkhalm.
> Aus welcher Entfernung kannst du die Tafel treffen? Wie kannst du die Druckkraft im Halm erhöhen?

> **M** Verschiedene Kraftarten:
> Neben der Muskelkraft gibt es zB die Gewichtskraft, die elastische Kraft, die magnetische Kraft und die elektrische Kraft.

14.3 Die Blaskanone

3. Welche Maßeinheit verwendet man für Kräfte?

Die Einheit der Kraft wird zu Ehren des englischen Physikers und Mathematikers **Sir Isaac Newton** (1643–1727, → Seite 8) **1 Newton** (1 N, sprich „njutn") genannt (Abb. 14.4).

Die **Kraft von 1 N** ist so stark, wie 102 Gramm Masse zur Erde gezogen werden. Da die Kraft von 1 N sehr gering ist, werden Kräfte oft in **Dekanewton** (1 daN = 10 N, zB für die Zugfestigkeit von Koffergurten) oder **Kilonewton** (1 kN = 1 000 N, zB für die Bremskraft bei Autos) angegeben.

14.4 Sir Isaac Newton

14.5 „Wettkampf" zwischen Muskelkraft und Gewichtskraft

14.6 Die elektrische Kraft zieht Seidenpapier nach oben.

V3 Die Erde zieht! (Abb. 15.1) E1

Hänge ein 100-g-Wägestück an einen Kraftmesser.
Auf einen Körper von 100 g Masse wirkt auf der Erde eine Gewichtskraft
(„Erdanziehungskraft") von etwa 1 N (genauer: 0,981 N).

> **M** Die Maßeinheit der Kraft F ist **1 Newton (1 N)**. Das ist annähernd die Kraft,
> mit der 100 g Masse zur Erde ziehen.

15.1 Die Erde zieht!

4. Wie misst man eine Kraft?

Eine Kraft kannst du messen, wenn du sie zB mit der elastischen Kraft einer
Schraubenfeder vergleichst (Abb. 15.3). Je stärker eine Schraubenfeder durch
eine Kraft gedehnt wird, desto größer ist die Kraft.
Bei einem **Kraftmesser** wird die Dehnung der Feder durch eine Skala in Newton
angegeben.

> **Infobox:**
> 1 kN = 1000 Newton
> 1 daN = 10 Newton

V4 Der Kraftmesser (Abb. 15.2) E1, E4

Hänge eine gut dehnbare Schraubenfeder an ein Stativ. Hänge ein
100-g-Wägestück (≈ 1 N) daran und markiere die Ausdehnung. Hänge
weitere 100-g-Stücke hinzu und setze die Marken für 2 N, 3 N … Überprüfe
die Genauigkeit deines Kraftmessers mit einem Kraftmesser aus der
Schulsammlung.

> **M** Eine Kraft misst man, indem man sie mit der Kraft einer Stahlfeder
> vergleicht.
> Das Messgerät für Kräfte heißt **Kraftmesser**.

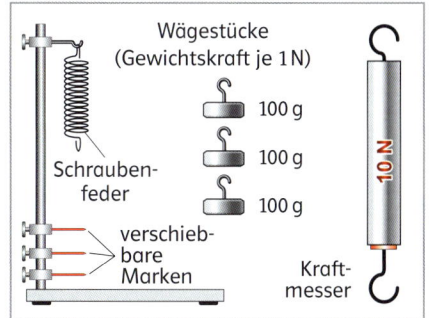

15.2 Der Kraftmesser

5. Wie kann man Kräfte darstellen?

Um manche Vorgänge in der Physik besser zu verstehen, kannst du Kräfte
zeichnen. Dazu musst du berücksichtigen, dass Kräfte an bestimmten Stellen
angreifen und in eine bestimmte Richtung ziehen. Außerdem sind nicht alle
Kräfte gleich stark (Abb. 15.4 und 15.5)!

> **M** Kräfte werden durch **Kraftpfeile** dargestellt.
> Der Beginn des Pfeils markiert den **Angriffspunkt**, die Pfeilspitze zeigt in
> die **Kraftrichtung** und die Länge gibt den **Betrag der Kraft** (die „Stärke")
> an.

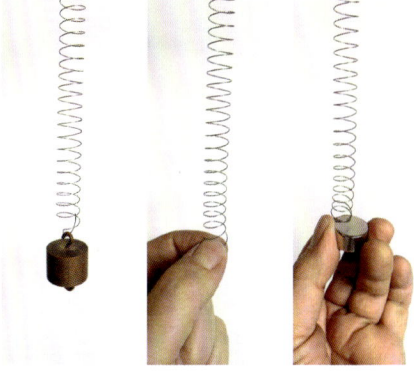

15.3 Unterschiedliche Kraftarten mit
gleicher Kraftwirkung

15.4 Die Gewichtskraft der Schultasche zieht
nach unten.

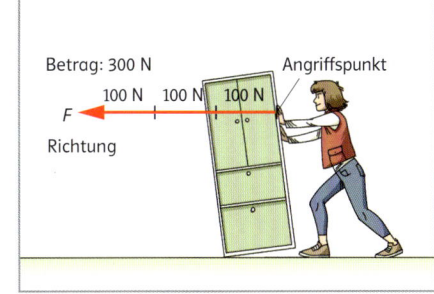

15.5 Darstellung einer Kraft durch einen
Kraftpfeil

15.6 Dieser Kanaldeckel hält einer Belastung
von 400 kN (= 400 000 N) stand.

2 Kraft und Gegenkraft

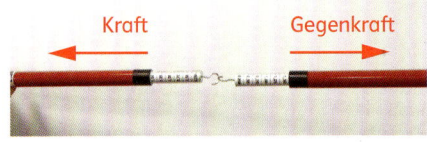

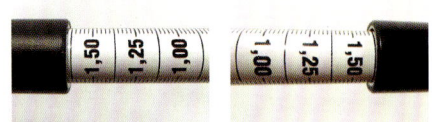

16.1 Die versteckte Kraft

1. Wie lautet das Gesetz von Kraft und Gegenkraft?

V1 Die versteckte Kraft (Abb. 16.1) E1

Hänge zwei gleiche Kraftmesser mit den Haken aneinander. Ein Kraftmesser wird ruhig gehalten, während du am zweiten ziehst. Beide Kraftmesser zeigen dieselbe Kraft an, allerdings in entgegengesetzte Richtung.

Kräfte treten nie allein auf. Zu jeder Kraft gibt es eine Gegenkraft, die gleich groß ist, aber in die entgegengesetzte Richtung wirkt. Kraft und Gegenkraft wirken dabei meist auf verschiedene Körper. Dieses **Gesetz von Kraft und Gegenkraft** („*actio et reactio*") wurde 1726 von **Sir Isaac Newton** (→ Seite 8) veröffentlicht.

16.2 Der Drehsessel

V2 Der Drehsessel (Abb. 16.2) E1

Setze dich mit frei baumelnden Füßen auf einen Drehsessel. Probiere durch Bewegen des Oberkörpers, den Sessel in Drehung zu versetzen. Er dreht sich immer in die entgegengesetzte Richtung.

V3 Der Massenantrieb (Abb. 16.3) E1

Befestige an einem leichten Wagerl ein Gummiband, das du mit einer Schnur spannen und fixieren kannst. Setze ein Massestück (0,5 oder 1 kg) in den gespannten Gummi und brenne die Fixierung durch. Das Massestück wird weggeschleudert. Das Wagerl bewegt sich in die entgegengesetzte Richtung.

Da Kraft und Gegenkraft gleich groß sind, wird ein Körper mit kleiner Masse mehr beschleunigt als ein zweiter Körper mit großer Masse.

> **M** Zu jeder Kraft gibt es eine **Gegenkraft**, die **gleich groß** ist, aber in die **entgegengesetzte Richtung** wirkt.

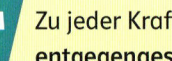

16.3 Der Massenantrieb

2. Wie nutzt man die Gegenkraft zur Fortbewegung am Land?

Beim Gehen und Laufen üben deine Füße eine Kraft nach hinten auf den Boden aus. Der Untergrund übt wiederum eine Gegenkraft auf deine Füße aus, weshalb du dich nach vorne bewegen kannst (Abb. 16.6). Auf einem rutschigen Untergrund können Kraft und Gegenkraft nicht gut wirken.

> **M** Die **Gegenkraft des Untergrundes** ermöglicht das Gehen, Laufen und Fahren.

16.4 Kraft und Gegenkraft beim Tauziehen

16.5 Die Reibungskraft der Schraube hält die Gewichtskraft der Lampe.

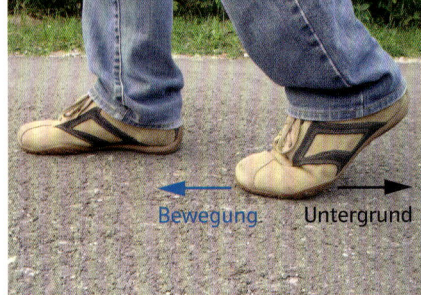

16.6 Die Füße stoßen sich vom Untergrund ab – Kraft und Gegenkraft!

3. Wie nutzt man die Gegenkraft des bewegten Wassers?

V4 Die wilde Brause (Abb. 17.1) E1

Halte die Brause am Schlauch und lass sie hängen. Drehe nun das Wasser stark auf. Der Brausekopf bewegt sich in entgegengesetzter Richtung zum Wasserstrahl.

V5 Segners Wasserdose (Abb. 17.2) E1

Stich mit einer Ahle (Vorstecher) vier gleich schräge Löcher knapp über dem Boden einer leeren Getränkedose. Hänge die Dose frei drehend auf und fülle sie mit Wasser. Wenn das Wasser schräg austreten kann, dreht sich die Dose in die entgegengesetzte Richtung.

Wird Wasser aus einem Körper ausgestoßen, bewegt sich dieser in die entgegengesetzte Richtung.

Beim **Schwimmen** und **Rudern** stößt du Wasser zurück und bewegst dich nach vorne. Ebenso schwimmen Wassertiere (Abb. 17.3).
Bei einem Schiff schiebt die **Schiffsschraube** Wasser nach hinten.

> **M** Wird **Wasser in Bewegung** gesetzt, tritt eine Gegenkraft auf.
> So entsteht die Fortbewegung beim Schwimmen, Rudern und beim Antrieb mit einer Schiffsschraube.

4. Wie nutzt man die Gegenkraft bewegter Gase?

V6 Der Raketenluftballon (Abb. 17.4) E1

Befestige einen aufgeblasenen (nicht verknoteten) länglichen Luftballon mit Klebestreifen an einem dickeren Trinkhalm, der an einer gespannten Schnur hängt. Lässt du die Luft aus dem Ballon strömen, zischt er weg.

Die Turbinen oder Propeller eines **Flugzeuges** stoßen gewaltige Luft- oder Abgasmassen nach hinten. Die Gegenkraft der Gase treibt das Flugzeug nach vorne. Auch die Strahltriebwerke von **Raketen** stoßen heiße Abgase aus, wodurch sie aufsteigen können (Abb. 17.5).

Bei **Hubschraubern** wird Luft nach unten und der Propeller (mit Fluggerät) nach oben gedrückt (Abb. 17.6).

> **M** Die **Gegenkraft bewegter Luft oder Verbrennungsabgase** treibt Flugzeuge und Raketen vorwärts.

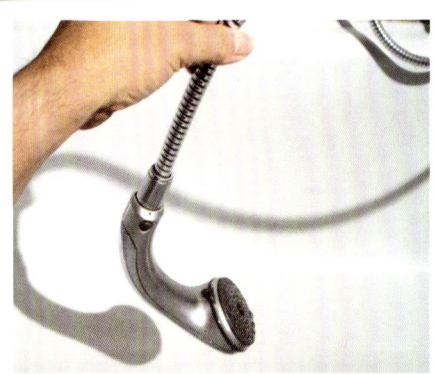

17.1 Die wilde Brause

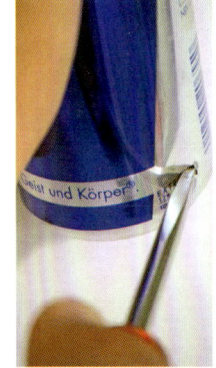 

17.2 Segners Wasserdose

17.3 Der Frosch stößt Wasser nach hinten und bewegt sich nach vorne.

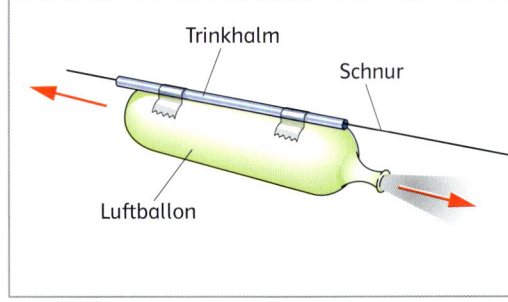

17.4 Der Raketenluftballon

17.5 Raketen stoßen Abgase aus, um aufzusteigen.

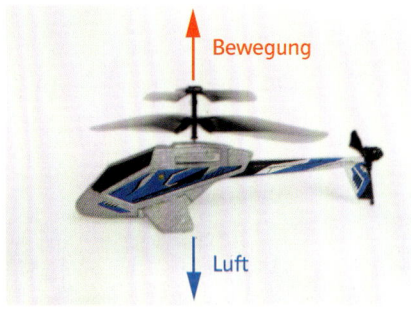

17.6 Der Propeller schiebt Luft nach unten. Der Hubschrauber bewegt sich nach oben.

Arbeitsblätter j3ps2u   Film de839u

18.1 Die Gewichtskraft verformt das Sprungbrett und lässt dich ins Wasser fallen.

18.2 Ein Lot zeigt senkrecht zur Erde. Du kannst damit zB feststellen, ob Mauern gerade gebaut wurden.

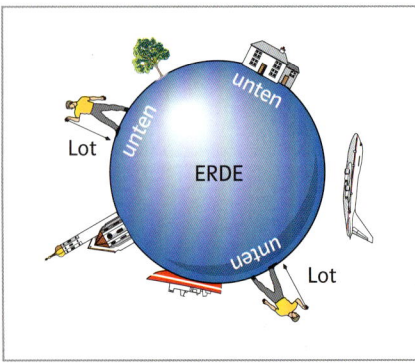

18.3 Die Gewichtskraft wirkt in lotrechter Richtung zum Erdmittelpunkt

1. Welche Wirkung und Richtung hat die Gewichtskraft?

Stehst du auf einem Sprungbrett, wirkt die Gewichtskraft auf deinen Körper und verformt das Brett (Abb. 18.1). Machst du einen Schritt über das Sprungbrett hinaus, zieht dich die Gewichtskraft zum Erdmittelpunkt. Du fällst.

> **M** Die **Gewichtskraft** wirkt in **lotrechter** Richtung auf jeden Körper. Dadurch drückt ein Körper auf seine Unterlage, zieht an seiner Aufhängung oder fällt zur Erde.

2. Was ist die Ursache der Gewichtskraft?

Isaac Newton versuchte herauszufinden, weshalb sich der Mond bei seinem Umlauf nicht von der Erde entfernt. Er kam auf die Lösung, als er beobachtete, wie ein Apfel von einem Baum fiel: Es gibt eine gegenseitige Anziehungskraft zwischen allen Körpern im Universum. Newton nannte sie **Gravitationskraft** (Schwerkraft). Auch du ziehst mit einer sehr kleinen Kraft zB den Sessel an, auf dem du sitzt.

> **M** Die Ursache der Gewichtskraft ist die **gegenseitige Anziehung** zwischen Erde und Körper, die **Gravitationskraft**.

3. Wovon hängt die Größe der Gewichtskraft ab?

Fährst du mit einer **Achterbahn** (Abb. 18.4), fühlst du dich bei schnellen Kurven viel „schwerer". Du wirst mit bis zum Vierfachen deines Gewichts in den Sitz gedrückt. Stürzt du auf der Bahn steil bergab, fühlst du dich so „leicht", dass es dich aus dem Sitz hebt.

> **V1** **Masse oder Gewicht? (Abb. 18.5)** E1, E2
>
> Stelle dich ruhig auf eine Personenwaage und merke dir die Anzeige. Bewege dich nun auf der Waage und beobachte die Veränderung der Anzeige. Ändert sich wirklich deine Masse?
> Das Gewicht ist eine Kraft, die du durch Bewegungen beeinflussen kannst.

Auch **auf dem Mond** könntest du dich „leichter" fühlen (Abb. 18.6). Er zieht dich aufgrund seiner **geringeren Masse** nur $\frac{1}{6}$ so stark an wie die Erde. Mit einem Erdgewicht von 420 N (ca. 42 kg) würdest du dich am Mond fühlen, als hättest du eine Masse von nur 7 kg, da du mit 70 N angezogen wirst.
Auf anderen Himmelskörpern mit größerer Anziehungskraft (zB Jupiter, Sonne) würdest du dafür durch dein eigenes Gewicht erdrückt (Abb. 19.3).

18.4 Das Gewicht verändert sich bei der Fahrt auf der Achterbahn.

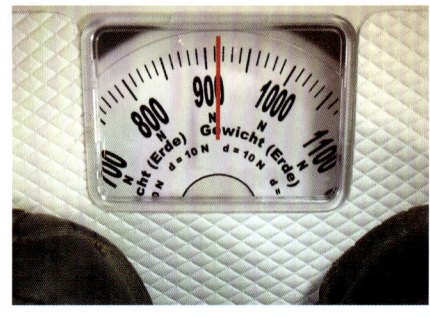

18.5 Masse oder Gewicht? Diese Waage zeigt in Newton an!

18.6 Auf dem Mond wirkt nur $\frac{1}{6}$ der Gewichtskraft auf der Erde.

Die Anziehung zwischen zwei Körpern hängt auch von ihrer gegenseitigen **Entfernung** ab (Abb. 19.1).

Diese Gewichtsabnahme mit zunehmender Entfernung wirst du aber nie am eigenen Körper spüren. Denn selbst bei einem Flug in 12 km Höhe bist du nicht besonders weit vom Erdboden entfernt.

> **M** Das **Gewicht** eines Körpers **auf der Erde** hängt von der **Körpermasse**, der **Erdmasse** und der **Entfernung** zwischen Körper und Erde ab. Das Gewicht lässt sich auch durch Bewegungen beeinflussen.

4. Wie bestimmt man die Gewichtskraft F_G?

> **M** Das **Gewicht** wird mit einem Kraftmesser **in Newton** gemessen. 1 kg Masse hat in Erdnähe ein Gewicht von ca. 10 N.

V2 Das Gewicht der Massen (Abb. 19.2) W1, E1

Bestimme das Gewicht von 1 kg Masse mit einem genauen Kraftmesser, der 10 N oder mehr messen kann. 1 kg Masse soll etwa 9,81 N anzeigen. Kannst du auch dein Körpergewicht in N angeben? Kannst du dein Körpergewicht auf anderen Himmelskörpern (Mond, Sonne, Jupiter) angeben?

5. Was passiert beim „freien Fall"?

Bei einem Sprung vom 10-m-Brett schlägst du härter auf das Wasser auf als bei dem Sprung vom 3-m-Brett. Offenbar nimmt deine Geschwindigkeit beim Fallen zu. Hängst du ein Wägestück an einen Kraftmesser und lässt du diesen fallen, zeigt er keine Gewichtskraft mehr an. Befindet sich ein Flugzeug im Sturzflug oder kreist eine Raumstation um die Erde („sie fällt um die Erde herum"), sind die Körper darin scheinbar ohne Gewichtskraft. Sie sind schwerelos.

V3 Schwerelos in der Flasche (Abb. 19.5) E1, E2

Gib in eine durchsichtige PET-Flasche eine Glasmurmel und einen Gummiball. Fülle die Flasche nicht ganz voll mit Wasser und verschließe sie fest. Wirf nun die Flasche einer Mitschülerin oder einem Mitschüler in einem Bogen zu („Parabelwurf"). Dabei sind alle Körper in der Flasche (auch die Luftblase) schwerelos geworden. Woran erkennst du das?

> **M** Die Gewichtskraft verursacht bei einem fallenden Körper eine beschleunigte Bewegung.
> **Körper im freien Fall** sind scheinbar ohne Gewicht (**schwerelos**).

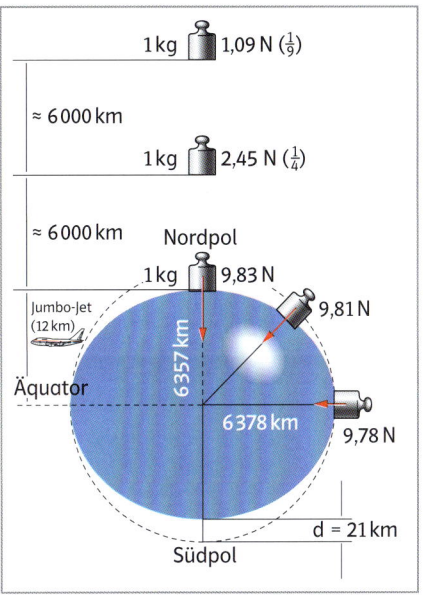

19.1 Ein Körper mit 1 kg Masse hat in verschiedenen Entfernungen vom Erdmittelpunkt eine verschieden große Gewichtskraft (Darstellung der Kraftpfeile übertrieben).

19.2 Das Gewicht der Massen

Infobox:
Einheit der Masse ... 1 kg
Einheit der Gewichtskraft ... 1 N
1 kg hat etwa 10 N Gewicht auf der Erde.

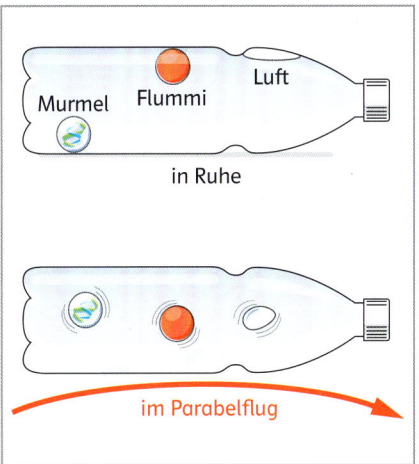

19.5 Schwerelos in der Flasche

19.3 Die Sonne zieht einen Körper etwa 28-mal stärker als die Erde an.

19.4 Forscherinnen und Forscher in der Raumstation sind scheinbar gewichtslos.

Schwerpunkt und Gleichgewicht

20.1 Wie ein Kellner …

20.2 Beim Servieren musst du das Tablett beim Schwerpunkt halten.

 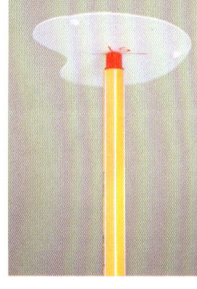

20.3 Finde den Schwerpunkt!

1. Was bezeichnet man als Schwerpunkt eines Körpers?

V1 **Wie ein Kellner … (Abb. 20.1)**   E1

Halte eine Hand mit ausgestreckten Fingern nach oben und lege ein Servierbrett darauf. Führe nun die Fingerspitzen zu einem Punkt zusammen. Mit etwas Geschick kannst du das Brett mit einem Finger auf diesem Punkt halten. Stelle einen Gegenstand auf das Servierbrett.
Wo musst du das Brett jetzt balancieren?

Du kannst ein flaches Brett in nur einem Punkt (dem sogenannten **Schwerpunkt**) so unterstützen, dass es ruhig liegen bleibt und nicht kippt. Der Körper ist dann **im Gleichgewicht**.
Der Schwerpunkt existiert nicht wirklich. Er ist ein gedachter Punkt, der besonders bei der Erklärung der Gleichgewichtszustände und der Standfestigkeit hilft. Du kannst den Schwerpunkt als **Angriffspunkt der gesamten Gewichtskraft** eines Körpers betrachten.

V2 **Finde den Schwerpunkt! (Abb. 20.3)**   E1

Schneide aus einem Stück Karton eine unregelmäßig geformte Figur aus. Hänge die Figur nacheinander an zwei Punkten am Rand auf. Befestige jedes Mal am Aufhängepunkt ein Lot (zB Zwirn mit Schraube). Zeichne die Linie („Schwerlinie") der Schnur auf dem Karton nach. Der Kreuzungspunkt der Schwerlinien ist der Schwerpunkt. Probiere aus, ob der Karton an diesem Punkt auf einem Stift liegen bleibt.

Der Schwerpunkt eines Körpers – auch eines dünnen Körpers – liegt eigentlich in seinem Inneren. Quader haben ihren Schwerpunkt im Schnittpunkt der Körperdiagonalen (Abb. 20.4), Kugeln in ihrem Mittelpunkt. Bei unregelmäßigen Körpern liegt der Schwerpunkt näher bei dem Teil mit der größeren Masse. Bei ring- oder L-förmigen Körpern liegt der Schwerpunkt nicht im Körper selbst, sondern außerhalb.

V3 **Schwerpunkt im Nichts (Abb. 20.5)**   E1

Schneide aus Karton eine ring- oder L-förmige Figur aus und bestimme den Schwerpunkt wie in V2. Fixiere die Schwerlinien mit Klebeband.

M Der **Schwerpunkt** eines Körpers ist der gedachte **Angriffspunkt** der **Gewichtskraft**. Er befindet sich bei einem frei hängenden beweglichen Körper lotrecht unter dem Aufhängepunkt des Körpers.

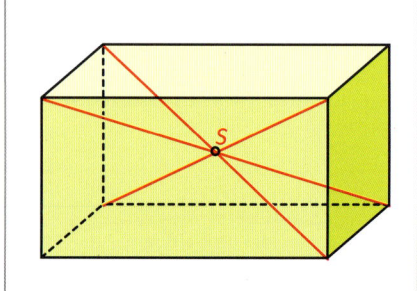

20.4 Der Schwerpunkt eines Quaders

20.5 Schwerpunkt im Nichts

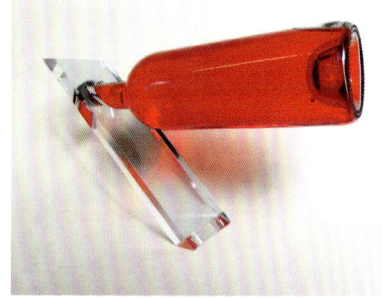

20.6 Wo könnte sich hier der Schwerpunkt befinden?

→ Arbeitsheft-Seite 12

2. Wann sind Körper im Gleichgewicht?

Wird ein Körper in nur einem Punkt gehalten, so dreht er sich und kippt um, wenn das Gewicht um diesen Unterstützungspunkt nicht gleichmäßig verteilt ist. Unterstützt man den Körper genau im Schwerpunkt, oder lotrecht darunter oder darüber, so zieht das Körpergewicht an allen Körperseiten gleich stark zur Erde. Der Körper bleibt in Ruhe (Abb. 21.1).

> **M** Ein Körper ist im **Gleichgewicht**, wenn sich der Schwerpunkt S in einer lotrechten Linie mit dem Unterstützungspunkt U befindet. Der Körper kann sich dann nicht drehen.

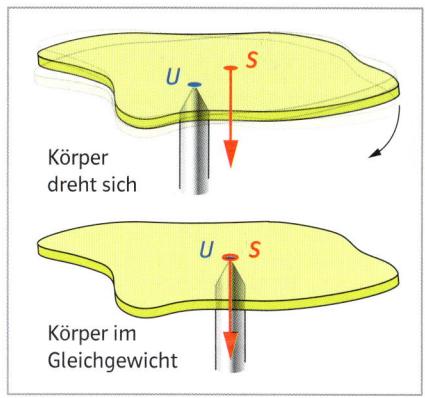

21.1 Ein Körper im Gleichgewicht wird im Schwerpunkt unterstützt.

3. Welche Gleichgewichtsarten gibt es?

V4 Balanceakt des Schöpfers (Abb. 21.2) E1

a) Halte den Schöpfer mit zwei Fingern am Stielende und lass ihn ausschwingen. Er richtet sich so aus, dass der Schwerpunkt den tiefsten Punkt einnimmt.

b) Setze das Stielende auf den ausgestreckten Finger und balanciere den Schöpfer. Sobald sich der Löffel neigt, musst du den Unterstützungspunkt durch Ausgleichsbewegungen immer wieder unter den Schwerpunkt bringen.

c) Halte den Schöpfer locker mit zwei Fingern am Schwerpunkt. Du kannst ihn nun in jede Position bringen, ohne dass er seine Lage ändert.

Entscheidend für die Art der Gleichgewichtslage ist, wie sich der Schwerpunkt bei der Bewegung des Körpers ändert:

21.2 Balanceakt des Schöpfers

> **M** **Stabiles (sicheres) Gleichgewicht:** Der Schwerpunkt hat die tiefste Lage und muss bei jeder Bewegung gehoben werden.

Beispiele: ein hängendes Bild, eine Glocke, ein Stehaufmännchen

> **M** **Labiles (unsicheres) Gleichgewicht:** Der Schwerpunkt hat die höchste Lage und wird bei jeder Bewegung gesenkt.

Beispiele: beim Seiltanzen, Balletttanzen, Radfahren, Stehen auf einem Bein

> **M** **Indifferentes (unbestimmtes) Gleichgewicht:** Der Schwerpunkt bleibt bei jeder Bewegung auf der gleichen Höhe.

Beispiele: ein Rad auf der Achse, ein Ball auf ebener Fläche

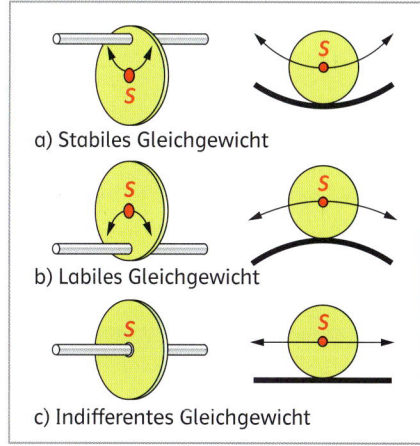

a) Stabiles Gleichgewicht

b) Labiles Gleichgewicht

c) Indifferentes Gleichgewicht

21.3 Gleichgewichtslagen

stabil

21.4 Das Stehaufmännchen ist stabil. Der Schwerpunkt hebt sich beim Kippen.

labil

21.5 Eine Balletttänzerin im labilen Gleichgewicht.

indifferent

21.6 Damit sich ein Reifen gleichmäßig dreht, muss er „ausgewuchtet" werden.

2 Die Standfestigkeit

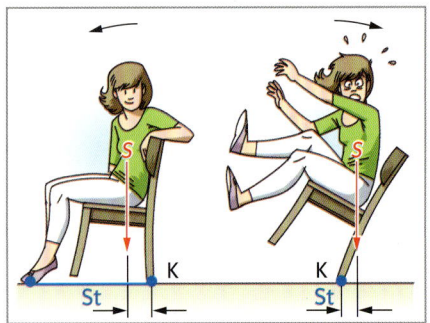

22.1 Deshalb kippt Anna mit dem Sessel!
K … „Kippkante", St … „Standfläche"

1. Wann fällt ein Körper um?

Anna schaukelt gern auf ihrem Sessel (Abb. 22.1). „Das beruhigt!", meint sie. Doch eines Tages passt sie nicht so gut auf. Sie bekommt „Übergewicht". Der Sessel kippt und Anna kracht gegen den Kasten.

V1 **Welche Schachteln kippen nicht? (Abb. 22.2)**   E1, E4

Stelle sechs Streichholzschachteln in allen möglichen Lagen auf ein Brett. Kippe das Brett langsam. Welche Schachteln kippen, welche stehen am längsten?

V2 **Schwer zu stehen! (Abb. 22.3)**   E1

a) Stelle dich seitlich mit einer Schulter gegen die Wand. Der Fuß muss auch die Wand berühren. Versuche, das äußere Bein zu heben.
b) Stelle dich mit dem Rücken gegen eine Wand. Auch die Fersen sollen die Wand berühren. Versuche, deinen Oberkörper nach vorne zu beugen.

22.2 Welche Schachteln kippen nicht?

Sobald sich der Schwerpunkt eines Körpers nicht mehr lotrecht über der Standfläche befindet und das Schwerpunktslot die Kippkante überschreitet, kippt der Körper (Abb. 22.1 und 22.4).
Die Körperhaltungen bei V2 sind deshalb unmöglich, weil der Schwerpunkt (etwa in Nabelhöhe) nicht mehr über der Standfläche deiner Füße liegt.

M | **Ein Körper fällt um**, wenn sein Schwerpunkt (Schwerpunktslot) nicht mehr lotrecht über der Standfläche liegt.

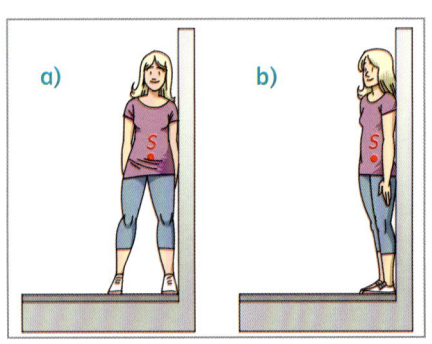

22.3 Schwer zu stehen!

V3 **Fesseln mit einem Finger (Abb. 22.5)**   E1

Bitte eine Mitschülerin oder einen Mitschüler sich in gerader Haltung auf den Sessel zu setzen. Die Füße sollen auch gerade auf dem Boden aufliegen. Du hältst einen Finger an die Stirn der Sitzenden/des Sitzenden. Aufgabe: „Steh auf, ohne deine Füße zu verschieben oder die Hände zu Hilfe zu nehmen!"
Bekommt man die Füße nicht unter den Körperschwerpunkt, kann man nicht vom Sessel aufstehen! Dies macht man normalerweise automatisch, indem man die Füße zurückschiebt und den Oberkörper nach vorne beugt.

V4 **Über der Tischkante! (Abb. 22.6)**   E1

Staple mehrere Holzquader wie in Abb. 22.6 übereinander. Wer kann den obersten Klotz über die Tischkante herausragen lassen?

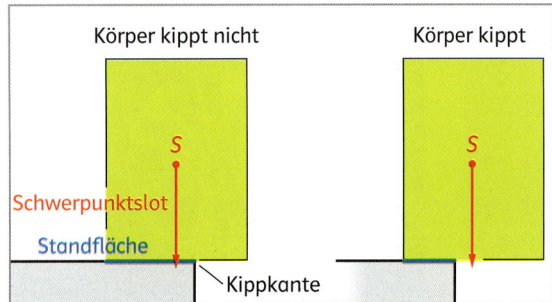

22.4 Unter diesen Bedingungen kippen Körper.

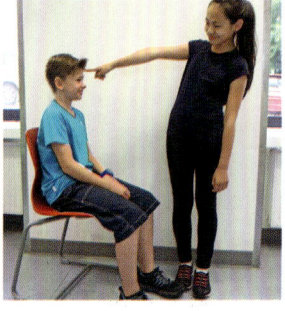

22.5 Fesseln mit einem Finger

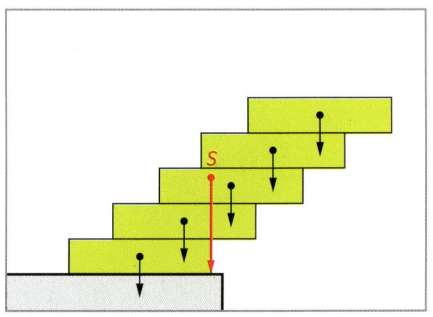

22.6 Über der Tischkante!

→ Arbeitsheft-Seite 13

2. Wie kannst du die Standfestigkeit eines Körpers erhöhen?

V5 Die Masse steht! (Abb. 23.1) E1

Stelle einen leeren, einen mit Watte gefüllten und einen mit Sand gefüllten Kunststoffbecher nebeneinander auf. Versuche, alle drei umzublasen.

Je mehr Masse (Gewichtskraft) ein Körper hat, desto schwerer ist es, ihn zu kippen. Gegenstände, die gut stehen sollen, müssen also recht schwer sein!

23.1 Die Masse steht!

V6 Die Erdapfelhöhe (Abb. 23.2) E1

Stecke einen Holzspieß durch den Tropfaufsatz einer Kunststofftropfflasche (100 ml). Stecke einen Erdapfel auf den Spieß und stelle das Fläschchen auf ein Brett. Kippe das Brett langsam.
Ist der Erdapfel tiefer, kannst du das Brett stärker neigen, als wenn der Erdapfel hoch auf dem Stab steckt.

Je tiefer der Schwerpunkt eines Körpers liegt, desto besser ist seine Standfestigkeit.
Schwere Sonnenschirmständer sind deshalb aus Beton gegossen (Abb. 23.5) und Kräne sind am Boden mit großen Betonplatten beschwert (Abb. 23.6).
„Tiefergelegte" Sportwägen haben ebenfalls einen niedrigen Schwerpunkt und somit eine bessere Straßenlage (Abb. 23.7).

23.2 Die Erdapfelhöhe

V7 Die Kippschachtel (Abb. 23.3) E1

Stelle einen quaderförmigen Holzklotz oder eine Schachtel auf die schmale Seite. Ziehe mit einem Kraftmesser auf zwei Arten, wie im Bild ersichtlich.

Ein Körper ist leichter zu kippen, wenn du ihn über die längere Kante neigst. Der Schwerpunkt muss hier nur einen kurzen Weg zurücklegen, damit sein Lot über die Kippkante ragt. Ist der Schwerpunkt aber weit von der Kippkante entfernt, ist die Standfestigkeit des Körpers besser.

23.3 Die Kippschachtel

Je größer die Standfläche eines Körpers ist, desto weiter ist der Schwerpunkt von der Kippkante entfernt und desto besser steht der Körper.
Im Autobus stehst du daher breitbeinig, wenn das Fahrzeug ruckelt! Du vergrößerst deine Standfläche und somit deine Standfestigkeit (Abb. 23.4).

M Die **Standfestigkeit** eines Körpers ist umso größer,
- je **mehr Masse** er hat,
- je **tiefer** sein **Schwerpunkt** liegt und
- je **größer** seine **Standfläche** ist.

23.4 Beim breitbeinigen Stehen hat man eine größere Standfläche.

23.5 Ein Schirmständer mit tiefem Schwerpunkt und großer Standfläche

23.6 Betonplatten erhöhen die Standfestigkeit eines Krans.

23.7 Autos mit tiefem Schwerpunkt haben eine gute Straßenlage.

1. Welche **Einheiten für die Geschwindigkeit** sind richtig?

W1

☐ kmh ☐ $\frac{m}{s}$ ☐ $\frac{km}{h}$ ☐ $\frac{s}{m}$ ☐ ms ☐ $\frac{h}{km}$

2. Ein Auto braucht für 280 km 4 Stunden. Wie schnell war es durchschnittlich unterwegs?

W1

_____

3. Körper auf der Balkenwaage. Wie viele Gramm hat der Apfel?

W1

_____

_____

5 dag
5 g   2 dag
2 g 1 g

4. Ein Gegenstand hat eine Masse von 31,5 g und ist 3 cm³ groß. Berechne seine Dichte.
Vergleiche mit der Tabelle auf → Seite 94. Aus welchem Material könnte er sein?

W1

_____

5. Kräfte können Körper _____ oder ihren _____ ändern.

W1

Die Maßeinheit der Kraft ist _____. Das ist etwa die Kraft, mit der _____ Masse

zur _____ ziehen. Die Messgeräte für Kräfte heißen _____ .

6. **Jede Kraft hat eine Gegenkraft.** Kreuze das Richtige an.

W1

Die Gegenkraft ist   ☐ halb so groß,   ☐ gleich groß,   ☐ doppelt so groß.

Sie ist in die   ☐ gleiche Richtung,   ☐ entgegengesetzte Richtung   gerichtet.

7. Kreuze die **richtigen Aussagen** über **Schwerelosigkeit** an:

W1

☐ Auf dem Mond ist man schwerelos, weil er nur so wenig Anziehungskraft hat.

☐ Auf einer Raumstation ist man deshalb schwerelos, weil diese auf ihrer Erdumlaufbahn ständig „um die Erde herumfällt".

☐ In der Schwerelosigkeit hat man ein Gewicht von 0 N, aber die gleiche Masse wie sonst auch.

☐ In der Schwerelosigkeit hat man ein Gewicht von 0 N und eine Masse von 0 kg.

☐ Wenn man frei von irgendwo herunterfällt, kann man auch auf der Erde schwerelos sein.

☐ Schwerelos ist man nur im Weltall.

8. Wo befindet sich der Schwerpunkt dieser frei hängenden Figuren? Die erste Schwerlinie ist schon eingezeichnet!

W1

9. Die Standfestigkeit eines Körpers ist umso größer,

W1

je ☐ mehr,   ☐ weniger   Masse er hat.

je ☐ höher,   ☐ tiefer   sein Schwerpunkt liegt.

je ☐ größer,   ☐ kleiner   seine Standfläche ist.

Plus

10. a) Karl läuft 60 Meter in 10 Sekunden. Seine Geschwindigkeit beträgt _____ $\frac{m}{s}$.

W1   b) Karls Oma fährt mit dem Rad 20 $\frac{km}{h}$.

         Wer ist schneller? Karl beim Sprint oder seine Oma am Rad?

_____

_____

11. Körper auf der Balkenwaage. Wie viele Gramm hat der Ring?

W1

_____

_____

_____

200 mg   5 g   2 g
50 mg   10 mg

12. 25 ml einer Flüssigkeit haben eine Masse von 22,5 g. Welche Flüssigkeit könnte das sein?

W1   Vergleiche mit der Tabelle auf → Seite 94.

_____

_____

Diese Flüssigkeit wird in Wasser ☐ sinken, ☐ schwimmen.

13. Zeichne die beschriebenen Kräfte mit Kraftpfeilen ein:

W1

a) Mit wenig Kraft wird   b) Das Gewicht der LKW-Ladung ist recht   c) Die Rakete stößt Abgase aus
der Nagel in die Wand   groß!   und bewegt sich nach vorne.
geschlagen.

14. Lukas hat eine Masse von 54 kg. Er hat auf der Erde ein Gewicht von etwa _____ .

W1   Auf dem Mond hätte er etwa $\frac{1}{6}$ seines Gewichts, das sind _____ .

15. Die Bezeichnung „140 kN" auf einem Kanaldeckel heißt übersetzt

W1, W4   ☐ 140 kg,   ☐ 1 400 kg,   ☐ 14 000 kg,   ☐ 140 000 kg   Masse Belastung.

Warum steht diese Angabe auf dem Kanaldeckel?

_____

_____

16. Stabil (S), labil (L) oder indifferent (I)? Schreibe die passende Abkürzung zu den Bildern.

W1

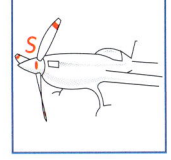 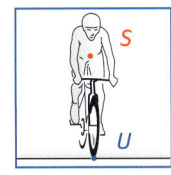 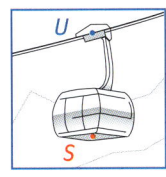 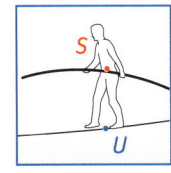 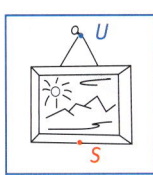 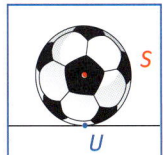

_____   _____   _____   _____   _____   _____

Die Reibungskraft

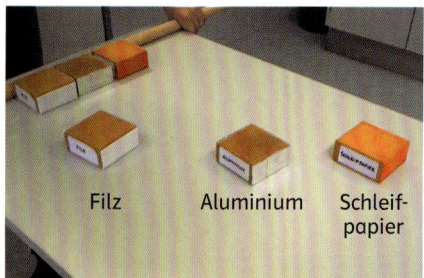

26.1 Wie weit es rutscht

1. Was ist Reibung?

V1 Wie weit es rutscht (Abb. 26.1) E1, E4

Nimm einige gleich große Holzquader und bespanne sie mit unterschiedlichen Materialien (Aluminiumfolie, Leder, Baumwolle, Schleifpapier …) auf der Unterseite. Lass sie über den Tisch (Boden) rutschen. Welcher Quader kommt bei gleichem Krafteinsatz am weitesten?

Die Reibung ist eine Kraft, die **Bewegungen behindert**. Auf glatten Böden rutschst du weiter als auf rauen. Nicht rutschende Schuhsohlen sind daher aus Gummi und besitzen ein gutes Profil.

Keine Oberfläche ist wirklich ganz glatt. Unter dem Mikroskop kannst du selbst bei glänzenden Oberflächen viele Unebenheiten erkennen (Abb. 26.2). Reiben Oberflächen aneinander, verhaken sich diese **Unebenheiten** ineinander und behindern somit die Bewegung der Körper.

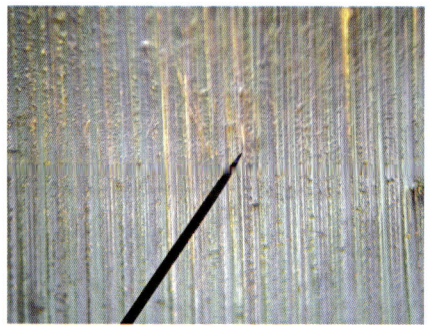

26.2 Auch „glatte" Flächen (zB Aluminiumfolie) zeigen unter dem Mikroskop Unebenheiten.

V2 Die Reibungsverstärkung (Abb. 26.3) E1, E4

Befestige einen Holzklotz an einem Kraftmesser und ziehe ihn über den Tisch. Wie stark ist seine Reibung beim Ziehen? Stelle ein Wägestück auf den Klotz und ziehe abermals. Die Reibung ist nun stärker.

Werden die Reibflächen **aneinandergepresst**, ist die Reibung stärker. Dies wird ausgenutzt, wenn du einen Knoten oder eine Schraubverbindung fest anziehst.

M Die **Reibung** ist eine Kraft, die Bewegungen behindert. Sie entsteht durch **Unebenheiten** an den Reibflächen und ist umso stärker, je **rauer** die Reibflächen sind und je stärker diese **aneinandergepresst** werden.

26.3 Die Reibungsverstärkung

2. Welche Arten der Reibung gibt es?

V3 Haften und gleiten (Abb. 26.6) E1

Lege einen Holzklotz auf ein längeres Brett. Neige das Brett langsam bis zu dem Winkel, an dem er gerade noch nicht zu gleiten beginnt. Lockerst du jetzt die Haftung des Klotzes mit einem Stäbchen, beginnt er zu gleiten.

Haften zwei Reibflächen aneinander (zB Schuhsohlen am Boden), können sich die Unebenheiten der Reibflächen gut ineinander verhaken. Beim Gleiten rutschen die Unebenheiten übereinander hinweg. Die **Haftreibung** ist daher größer als die **Gleitreibung**.

26.4 Die Reibung verhindert das Auflösen des Knotens.

26.5 Bei Schraubverbindungen werden die Reibflächen aneinandergepresst.

26.6 Haften und gleiten

→ Arbeitsheft-Seite 14

V4 Gleiten und rollen (Abb. 27.1) E1

Setze den Deckel einer Petrischale auf die Petrischale und drehe ihn. Nach kurzer Zeit bleibt er stehen. Fülle die Schale mit Murmeln, lege den Deckel darauf und drehe ihn abermals.
Auf den Murmeln dreht sich der Deckel viel länger.

Die **Rollreibung** ist etwa 100-mal kleiner als die Gleitreibung. Daher verwendet man bei Rädern und Rollen – zB bei Skateboards und Fahrradreifen – Kugellager (Abb. 27.2). Diese wandeln die Gleitreibung in Rollreibung um.

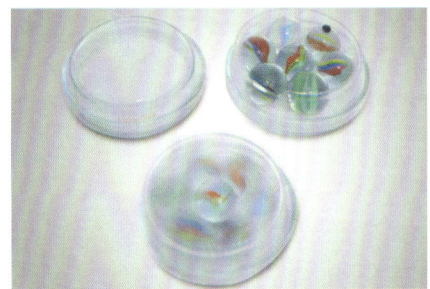

27.1 Gleiten und rollen

V5 Die schnellere Flasche (Abb. 27.3) E1, E2

Fülle eine PET-Flasche mit Körnern und eine mit Wasser. Lass beide gleichzeitig bergab rollen. Warum ist die Flasche mit Wasser schneller?

Die Reibung ist innerhalb des Wassers geringer als zwischen den Körnern. Daher rollt die Wasserflasche in V5 schneller hinab.
Die geringe **innere Reibung** von Schmiermitteln (Abb. 27.4) wird überall dort ausgenutzt, wo Reibung vermieden werden soll.

> **M** Die **Haftreibung** ist unter gleichen Bedingungen größer als die **Gleitreibung**. Die **Rollreibung** ist immer am kleinsten. Schmiermittel haben eine geringe **innere Reibung**.

27.2 Ein sogenanntes Kugellager ersetzt Gleit- durch Rollreibung.

3. Wobei ist die Reibung erwünscht?

Die Entstehung von **Wärme** beim Reiben verwendest du zB beim Anreiben eines Streichholzkopfes (Abb. 27.5).
Beim Schleifen, Sägen, Bürsten und Polieren wird **Abrieb** erzeugt.
Hängst du ein Bild an die Wand, bindest du deine Schuhe zu oder nähst du einen Knopf an, nutzt du die **Haftung** der Reibflächen aus.
Auch Autoreifen haften auf der Straße. Bei nasser Fahrbahn kann bei hoher Geschwindigkeit das Wasser nicht mehr durch die Rillen des Reifenprofils abgeleitet werden. Durch die geringe innere Reibung des Wasserkeils beim **Aquaplaning** unter dem Reifen wird der Wagen unlenkbar (Abb. 27.6).
Beim **Bremsen** eines Fahrrades wirkt eine Gleitreibung, wenn die Bremsbacken an die Felge oder die Bremsscheibe gedrückt werden (Abb. 27.7).
Auch deine **Hände** haben Reibflächen. Die Rillen an deinen Händen helfen dir beim Halten von Gegenständen oder dienen dir beim Klettern.

27.3 Die schnellere Flasche

> **M** **Reibungswärme** wird zB beim Feuermachen genutzt.
> **Abrieb** entsteht zB beim Schleifen, Polieren und Feilen.
> Die **Haftreibung** benötigt man zB beim Gehen, Fahren und Klettern,
> die **Gleitreibung** zB beim Bremsen und Radieren.

Grafit   Motoröl   Nähmaschinenöl

27.4 Schmiermittel haben eine geringe innere Reibung.

27.5 Die Reibungswärme entzündet einen Streichholzkopf.

Aquaplaning

27.6 Beim Aquaplaning verliert der Reifen die Haftung – er schwimmt auf.

Bremsscheibe

Bremsbacke

27.7 Beim Bremsen wird die Gleitreibung ausgenutzt.

Die Arbeit in der Physik

28.1 Lernen ist zwar anstrengend, aber keine physikalische Arbeit.

28.2 Das Halten einer Last ist trotz Kraftaufwand keine Arbeit, sie hinauftragen aber schon.

28.3 Der Schraubverschluss lockert sich nicht? Keine Arbeit!

Infobox:
1 Newtonmeter = 1 Joule
1 kJ = 1000 J
1 MJ = 1000 000 J

1. Was verstehen wir in der Physik unter Arbeit?

„Das Arbeiten fällt mir heute so schwer!", denkst du dir vielleicht, während du für die nächste Stundenwiederholung in Physik lernst. Obwohl du dich sehr anstrengst, ist diese Tätigkeit physikalisch gesehen **keine Arbeit** (Abb. 28.1).
Wenn du eine schwere Kiste hältst, dann verrichtest du in der Physik keine Arbeit, trägst du sie die Stiegen hinauf aber schon (Abb. 28.2).
Auch die vergebliche Anstrengung, einen festsitzenden Schraubverschluss zu lösen, ist im physikalischen Sinn keine Arbeit (Abb. 28.3).

Eine „**physikalische Arbeit**" erkennst du daran, dass ein Körper durch die Wirkung einer Kraft seinen **Ort**, seine **Lage** oder seine **Form ändert**.
Beim Lernen, Halten oder dem festsitzenden Schraubverschluss geschieht dies nicht. Beim Hinauftragen der Kiste aber schon, da du dabei einen Weg zurücklegst und einen Höhenunterschied überwindest.

M Arbeit wird verrichtet, wenn eine Kraft auf einen Körper einwirkt und der Angriffspunkt der Kraft einen Weg zurücklegt.

2. Welche Formen der mechanischen Arbeit gibt es?

Du verrichtest eine Arbeit, wenn du eine Last aufhebst – „**Hubarbeit**".
Du arbeitest auch, wenn du einen Wagen ziehst und dabei die Reibungskräfte überwindest – „**Reibungsarbeit**".
Mechanische Arbeiten sind auch das Verformen einer Stahlfeder – „**Verformungsarbeit**" – oder das Werfen eines Balles – „**Beschleunigungsarbeit**".

M Formen der mechanischen Arbeit: **Hubarbeit, Reibungsarbeit, Verformungsarbeit, Beschleunigungsarbeit**

3. In welchen Maßeinheiten wird die Arbeit gemessen?

Wenn du einen Körper mit 1 N Gewicht um 1 m hochhebst, hast du eine Arbeit von 1 Newtonmeter (Nm) oder 1 Joule (J, sprich „dschul") verrichtet (Abb. 28.6). Die Einheit Joule ist nach dem englischen Physiker **James Prescott Joule** (1818–1889, → Seite 8) benannt.

M Die Maßeinheiten der Arbeit sind 1 Newtonmeter (Nm) = **1 Joule (J)**.
1 Kilojoule (kJ) = 1000 J; 1 Megajoule (MJ) = 1000 000 J

28.4 Verformungsarbeit beim Spannen des Bogens

28.5 Hubarbeit beim Klettern

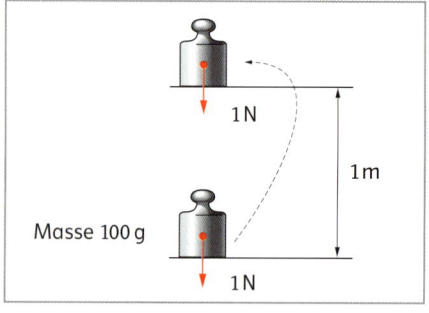

28.6 So kann die Arbeit von 1 Joule verrichtet werden.

→ Arbeitsheft-Seite 15

4. Wie wird die Arbeit berechnet?

Wenn du einen Körper mit 10 N Gewicht um 2 m hochhebst, hast du eine Arbeit von 10 mal 2 Joule verrichtet. Verdoppelst du die Last oder die Weglänge, hast du auch doppelt so viel gearbeitet.

> **M** Arbeit = Kraft mal Weg (Kraft F in Richtung des Weges s)
> $$W = F \cdot s$$

> **Infobox:**
> $W = F \cdot s$
> W für engl. *work* … Arbeit
> F für engl. *force* … Kraft
> s für engl. *space* … Zwischenraum

V1 Arbeit beim Stiegensteigen (Abb. 29.1) W1, E1

Miss zunächst die Höhe der Stiege in m und bestimme dein Gewicht in N. Berechne mit $W = F \cdot s$ die Hubarbeit und teste, wie sich die Arbeit anfühlt.

V2 Arbeit beim Ziehen (Abb. 29.2 und 29.3) E1, E4

a) Stelle ein 1-kg-Wägestück auf einen Holzklotz und ziehe ihn mit einem Kraftmesser über eine Platte.
Miss die Kraft und den Weg und berechne die Reibungsarbeit.
b) Stelle die Platte nun schräg und ziehe den Klotz mit dem 1-kg-Stück hinauf. Berechne die Arbeit. Was fällt dir auf?

V3 Arbeit beim Dehnen (Abb. 29.4) E1, E2

Dehne eine Schraubenfeder mit dem Kraftmesser. Du erhältst die verrichtete Arbeit, wenn du den Dehnungsweg mit der **halben** Kraft multiplizierst. Warum?

5. Was verstehen wir in der Physik unter Leistung?

Julia benötigt 60 Sekunden, um ein Sechserpack Wasser vom Auto in die Wohnung zu tragen. Ihr Bruder Felix lässt sich Zeit und braucht dafür viel länger. Wer hat eine bessere Leistung erbracht?
Du leistest mehr, wenn du für eine Arbeit weniger Zeit benötigst. Die **Leistung P** (für engl. *power* … Stärke) ist die **Arbeit pro** („durch") **Zeiteinheit**. Sie wird nach **James Watt** (1736–1819, → Seite 8) mit der Maßeinheit **1 Watt (1 W)** angegeben.

> **M** Leistung = Arbeit durch Zeiteinheit
> $$P = W : t$$
> Die Maßeinheit der Leistung ist 1 Watt (1 W = 1 J pro s).

V4 Stiegensteigen unter Zeitdruck (Abb. 29.5) W1, E1

Führt V1 noch einmal durch und stoppt dabei die Zeit. Wer hat die beste Leistung erbracht? Berechnet die Leistungen in Watt.

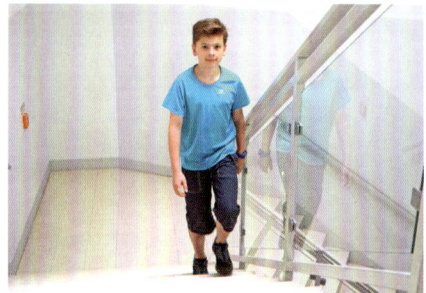

29.1 Arbeit beim Stiegensteigen

29.2 Arbeit beim Ziehen (a)

29.3 Arbeit beim Ziehen (b)

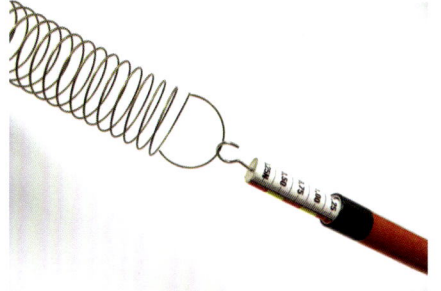

29.4 Arbeit beim Dehnen

29.5 Stiegensteigen unter Zeitdruck

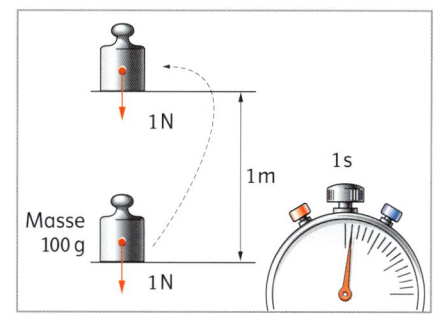

29.6 1 Watt: Du hebst ein Gewicht von 1 N in 1 s um 1 m hoch.

Mechanische Energieformen

30.1 Das Todespendel
Ein Pendel wandelt Lageenergie in Bewegungsenergie um.

30.2 Kugelstoßen
Die Bewegungsenergie wird fast komplett durch elastische Stöße an die letzte Kugel übertragen.

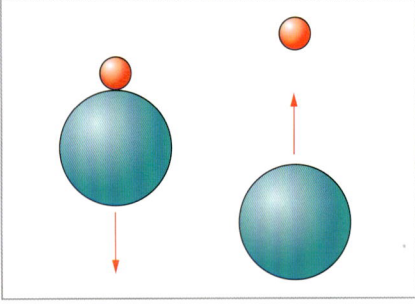

30.3 Die Flummischleuder
Die Lageenergie wird beim Fallen in Bewegung umgewandelt. Dadurch verformt sich der große Ball und gibt diese Energie an den kleinen Ball weiter.

1. Was ist Energie?

V1 Das Todespendel (Abb. 30.1) E1

Hänge einen Körper an einer Schnur oder Kette frei schwingend auf. Stelle dich seitlich zum Pendel auf und hebe es bei gespannter Aufhängung bis zu deiner Nase. Lass es dann los, ohne es anzustoßen. Der Körper schwingt zunächst von dir weg. Bleibst du ganz ruhig stehen, kommt er wieder bis zu deiner Nase und berührt diese nur ganz sanft oder gar nicht mehr.

Der Körper in V1 bekommt durch das Hochheben Energie. Er kann sich nun bewegen. An der tiefsten Stelle der Pendelbewegung ist er am schnellsten. Ein Teil seiner Energie wurde in Bewegung umgewandelt. Diese Bewegungsenergie reicht aus, um ihn wieder auf die gleiche Höhe anzuheben. Beim Zurückschwingen kommt der Körper daher wieder (beinahe) an der Nase an. Mit der Zeit scheint das Pendel Energie zu verlieren. Durch das Verformen der Schnur und durch das Reiben der Schnur an der Aufhängung und an der Luft wird ein Teil der Energie in Wärme umgewandelt. Das Pendel verliert daher an Schwung (Energie).

V2 Kugelstoßen (Abb. 30.2) E1

Lege drei gleich große Stahlkugeln eng aneinander in eine Führungsrinne. Schnippe eine vierte Kugel gegen die Kugelreihe (a). Nur die letzte Kugel wird weggestoßen (b).

Ein Körper, der hochgehoben, elastisch verformt oder beschleunigt wird, kann danach auch selbst Arbeit verrichten. Die Arbeit ist nun in ihm gespeichert – der Körper hat **Energie**.

„Energie kann nicht erzeugt oder vernichtet werden. Sie wird nur in verschiedene Formen umgewandelt." Diesen „**Energieerhaltungssatz**" verdanken wir dem Arzt **Julius Robert von Mayer** (1814–1878, → Seite 8).

> **M** **Energie** ist die **Fähigkeit, Arbeit zu verrichten.**
> Sie kann in verschiedene Formen **umgewandelt** werden.

2. Welche Formen der mechanischen Energie gibt es?

V3 Die Flummischleuder (Abb. 30.3) E1

Lege einen kleinen Gummiball auf einen größeren Ball. Lass beide zugleich auf den Boden fallen. Der kleine Ball wird beim Aufprall weggeschleudert.

30.4 Wenn man die Kugel fallen lässt, drückt sie den Metallbecher auf das Ei.

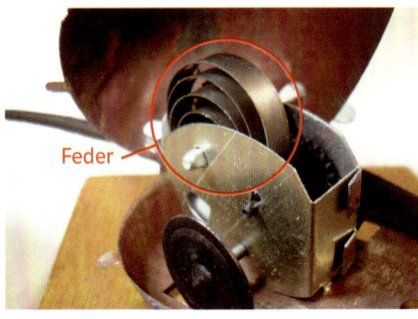

Feder

30.5 Eine Feder speichert Spannenergie.

Unruh

30.6 Die Unruh speichert Bewegungsenergie und ist der Taktgeber der Uhr.

Fährst du mit der Gondel auf einen Berg, gewinnst du **Lageenergie**. Du kannst dann „von selbst" bergab fahren und gewinnst **Bewegungsenergie**.
Lässt du einen Ball auf den Boden fallen, verformt er sich elastisch und erhält **Spannenergie**. Diese wird wieder in Bewegungsenergie und danach in Lageenergie umgewandelt (Abb. 31.2).

> **M** Es gibt folgende Formen der **mechanischen Energie**:
> Lageenergie, Bewegungsenergie und Spannenergie.

31.1 Beim Skifahren wird Lageenergie in Bewegungsenergie umgewandelt.

3. Wovon hängt die Größe der Lageenergie ab?

V4 **Platte Knetmasse (Abb. 31.3)**   E1, E4

Lege drei gleich große Klumpen Knetmasse auf den Boden.
Lass ein 1-kg-Wägestück aus 30 cm Höhe auf den ersten Klumpen fallen.
Lass ein 1-kg-Wägestück aus 60 cm Höhe auf den zweiten Klumpen fallen.
Lass ein 2-kg-Wägestück aus 30 cm Höhe auf den dritten Klumpen fallen.
Wie stark werden die einzelnen Klumpen zusammengedrückt?

> **M** Ein Körper hat umso mehr **Lageenergie** (*potentielle Energie*), je größer seine Gewichtskraft und seine Fallhöhe ist.

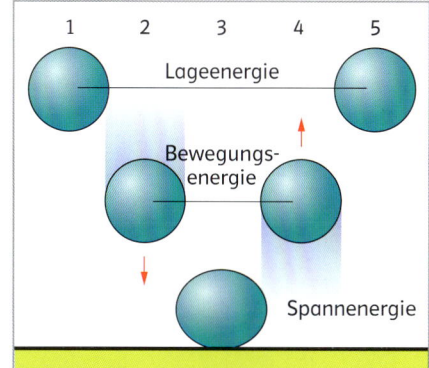

31.2 Energieumwandlungen bei einem springenden Ball

4. Wovon hängt die Größe der Spannenergie ab?

V5 **U-Hakerl-Schleuder (Abb. 31.4)**   E1

Rolle ein kleines Stück Papier ein und biege es zu einem U-Hakerl. Spanne einen Gummiring zwischen Daumen und Zeigefinger und hänge das U-Hakerl ein. Spanne den Gummiring mit dem Hakerl und lass es dann los. Wer schafft die weiteste Flugstrecke?

> **Infobox:**
> *Energie E* ist „gespeicherte Arbeit" und wird wie diese in *Joule* angegeben!

> **M** Die **Spannenergie** (*elastische Energie*) ist umso größer, je stärker ein elastischer Körper verformt wird.

5. Wovon hängt die Größe der Bewegungsenergie ab?

Windkraftwerke (Abb. 31.5) können umso mehr Strom erzeugen, je schneller der Wind ist und je mehr Luftmasse sich durch die Schaufeln bewegt.
Je mehr Masse ein Auto hat und je schneller es ist, desto größer ist das Ausmaß der Verformung bei einem Unfall.

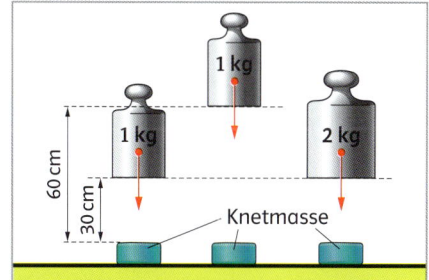

> **M** Die **Bewegungsenergie** (*kinetische Energie*) eines Körpers wächst mit der Masse des Körpers und seiner Geschwindigkeit.

31.3 Platte Knetmasse

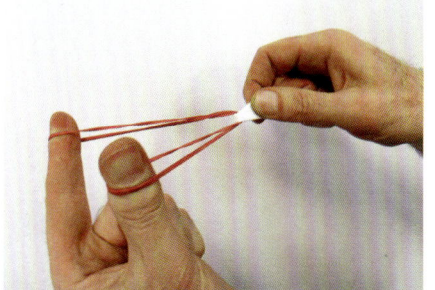

31.4 U-Hakerl-Schleuder

31.5 Windkraftwerke wandeln die Bewegungsenergie der Luft in elektrische Energie um.

31.6 Energieumwandlungen bei einem Mühlrad

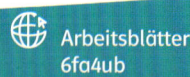

1. Die Umlenkung und Aufteilung von Kräften

Im Laufe der Geschichte haben Menschen immer versucht, Geräte zu erfinden, die ihrer beschränkten Muskelkraft eine größere Wirkung verleihen konnten.

Einfach und doch wirkungsvoll erwies sich die geschickte Anwendung von scharfen Klingen, Stangen, Rädern und Seilen. Auch heute noch helfen uns diese einfachen Geräte im Alltag bei der Erleichterung unserer Arbeit.

Wirfst du ein Seil über den Ast eines Baumes, fällt es dir wesentlich leichter, eine große Last zu heben. Du kannst zusätzlich zu deiner Muskelkraft dein Gewicht zum Heben der Last einsetzen (Abb. 32.1).

Noch einfacher ist es, eine Last nicht allein zu tragen. Die Kraft teilt sich je nach Anzahl und Winkel der Haltevorrichtungen auf (Abb. 32.2).

32.1 Umlenkung der Kraft mit einem Seil

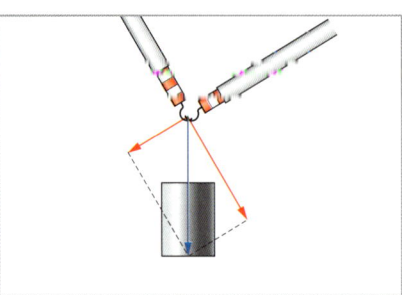

32.2 Das Kräfteparallelogramm zeigt die Aufteilung der Kräfte an.

Seile und Verstrebungen können Kräfte umlenken und verteilen. Sie helfen dadurch auch größere Lasten zu heben und zu stabilisieren (Abb. 32.5).

Auch bei Torbögen werden äußere Druckkräfte verteilt (Abb. 32.3). Besonders gut lenken die Spitzbögen gotischer Bauwerke (Abb. 32.4) die Last der Bauwerke über die Säulen in die Grundmauern ab.

32.3 Ein Torbogen hält große Druckkräfte aus.

32.4 Gotischer Fensterbogen

V1 Mit geteilter Kraft E1

Hänge einen Körper an zwei Kraftmesser. Stehen die Kraftmesser im gleichen Winkel zur Last, ist die Kraft genau aufgeteilt.

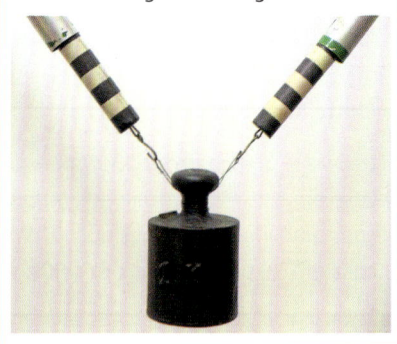

V2 Kraft der Eierschale E1

Nimm ein kleineres Ei in die Hand und umschließe es mit den Fingern. Versuche, es von allen Seiten gleichmäßig zusammenzudrücken.

32.5 Verstrebungen teilen das Gewicht der Oberleitung in Druck- und Zugkräfte auf.

2. Der Keil

Ziehst du eine Last über eine schiefe Rampe, ist das nicht gerade einfach. Dennoch ist es eine Kraftersparnis im Vergleich dazu, wenn du die Last über diese Höhe hebst.

V3 Mit dem Keil hinauf E1

Lege einen Holzkeil auf den Tisch und lege einen weiteren gleichen Keil darauf. Stelle auf den zweiten Keil einen schweren Körper. Bewege den Körper nach oben, indem du den oberen Keil verschiebst.

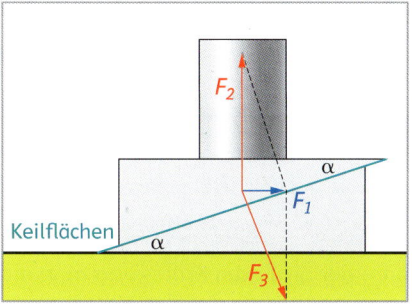

33.1 Eine kleine Kraft F_1 erzeugt große Kräfte (F_2, F_3) auf die Keilflächen.

33.2 Holzhacken

Es genügt eine kleine Druckkraft auf den Keil, um große Kräfte im rechten Winkel auf die Keilflächen zu erzeugen (Abb. 33.1). Je kleiner der Keilwinkel α ist, desto größere Kräfte lassen sich mit ihm überwinden.

Keile werden zum Spalten zB beim Holzhacken, Meißeln und Schnitzen verwendet. Durch das Einklemmen von Keilen unter Türen wird verhindert, dass diese ungewollt zufallen.

3. Die Schraube

33.3 Erdbohrer

33.4 Eine archimedische Schraube in einer Kläranlage

33.5 Beim Bohren wird Material nach oben transportiert.

V4 Die Modellschraube E1

Schneide ein rechtwinkliges Dreieck aus einem Blatt Papier aus und wickle es um ein Stück Rundholz.

Pappos aus Alexandria erkannte um 300 n. Chr., dass man eine Schraube als aufgewickelten Keil auffassen kann (→ V4). Je kleiner die Steigung der Schraube (= Keilwinkel) ist, desto größere Kräfte lassen sich mit ihr überwinden.

Schrauben dienen nicht nur zum Fixieren von Werkstücken. Mit sogenannten **archimedischen Schrauben** kannst du auch Material heben und Löcher bohren, wie zB bei Bohrmaschinen, Erdbohrern und Wasserschrauben in Kläranlagen.

2 Der Hebel – das Zusammenwirken von Kraftarm und Lastarm

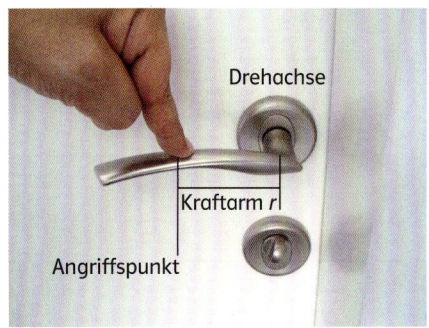

34.1 Die Türlinke

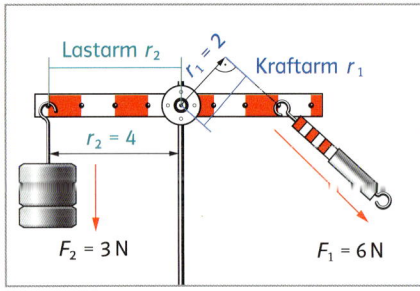

34.2 Die Kraft zieht immer im rechten Winkel zum Kraftarm!

Infobox:

Drehmoment = Kraft mal Kraftarm

$$M = F \cdot r$$

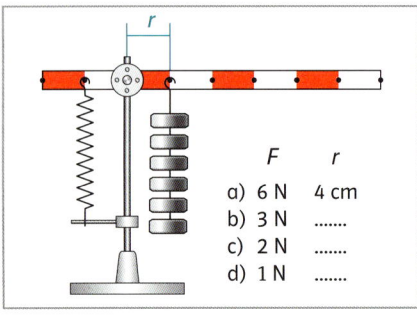

	F	r
a)	6 N	4 cm
b)	3 N	....
c)	2 N	....
d)	1 N	....

34.3 Das Drehmoment

1. Wovon hängt die Größe der Drehwirkung bei einem Hebel ab?

Ein Hebel ist ein **starrer Körper**, der **um eine Achse drehbar gelagert** ist und an dem zwei Kräfte wirken.

V1 Die Türlinke (Abb. 34.1)   W4, E1

Versuche, eine Türlinke an verschiedenen Stellen mit einem Finger nach unten zu drücken. Was fällt dir auf? Wo fällt dir das Drücken besonders leicht? Wäre es sinnvoll, längere Türlinken anzufertigen?

Mit einer größeren Kraft kann man einen Hebel stärker drehen. Ebenso wichtig ist der Abstand des Angriffspunktes von der Drehachse. Dieser Abstand wird Kraftarm r genannt und steht immer normal auf die Kraftrichtung (Abb. 34.1 und 34.2). Die Abkürzung r bezeichnet den Radius der Drehung.

M Die Drehwirkung an einem Hebel ist umso größer, je größer die wirkende Kraft und je länger der Kraftarm ist.

2. Wie berechnet man die Drehwirkung einer Kraft?

V2 Das Drehmoment (Abb. 34.3)   W1, E1

Baue die Anordnung auf. Stelle die Schraubenfeder so ein, dass die Hebelstange bei einer Belastung mit 6 Massestücken zu je 1 N Gewicht waagrecht ist. Verändere die Spannung der Feder nicht mehr. Verwende nun weniger (3, 2, 1) Massestücke. Wie lang muss der Lastarm r jeweils sein, damit die Hebelstange immer waagrecht ist?

Es wird dir bei V2 aufgefallen sein, dass es einen Zusammenhang zwischen den Kräften und den zugehörigen Kraftarmen gibt: $F_1 = 6\,N$ bei $r_1 = 4\,cm$, $F_2 = 3\,N$ bei $r_2 = 8\,cm$ usw. Bei der Multiplikation der Werte von Kraft und Kraftarm erhältst du immer das gleiche Produkt: 24.
Zwei Kräfte haben also die gleiche Drehwirkung, wenn das Produkt aus Kraft und Kraftarm gleich groß ist. Dieses Produkt wird **Drehmoment M** genannt. Das Drehmoment wird in Newtonmeter (Nm) angegeben.

M Die Drehwirkung (oder das **Drehmoment M**) einer Kraft ist gleich dem Produkt „**Kraft mal Kraftarm**":
$$M = F \cdot r$$

34.4 Der Schraubenschlüssel zum Lösen der Schrauben hat einen langen Kraftarm.

34.5 Mit einer Scheibtruhe kannst du große Lasten befördern.

34.6 Hebelwirkung beim Öffnen einer Dose

→ Arbeitsheft-Seite 18–19

3. Welche Arten von Hebeln gibt es?

M Es gibt folgende **Hebelarten** (Abb. 35.1):
a) **Zweiseitige Hebel** sind zB Zangen und Scheren. Die Kräfte wirken auf beiden Seiten der Drehachse in die gleiche Richtung.
b) **Einseitige Hebel** sind zB Scheibtruhen und manche Nussknacker. Die Kräfte wirken auf derselben Seite des Hebels in entgegengesetzte Richtungen.

V3 **Eine Last leichter tragen! (Abb. 35.2)**   E1

Halte eine Last, zB eine schwere Einkaufstasche, in der Hand und winkle den Arm in einem Winkel von 90° ab. Der Beuger muss große Kraft aufwenden, um die Last am langen Lastarm zu halten! Der Kraftarm ist sehr kurz! Verkürze den Lastarm, indem du die Schlaufen der Tasche zum Ellenbogengelenk verschiebst.

Mit einem Hebel kannst du **Kraft sparen**, wenn der **Kraftarm länger als der Lastarm ist**, zB beim Abzwicken von Ästen mit einer Astschere (Abb. 35.3).

Ist der **Kraftarm kürzer als der Lastarm**, braucht man zwar mehr Kraft, **gewinnt** aber an **Geschwindigkeit**. Das ist beim Werfen eines Balles und beim Mähen mit einer Sense (Abb. 35.4) wichtig.

4. Wann herrscht an einem Hebel Gleichgewicht?

V4 **Die Münzenwippe (Abb. 35.5)**   E1, E4

Hänge ein längeres Brett (zB Lineal) drehbar gelagert auf (siehe Abbildung) und belaste es auf beiden Seiten mit gleichen Geldstücken. Die Hebelstange soll waagrecht bleiben. Welche Möglichkeiten findest du?

Auf einer Wippschaukel (Abb. 36.3) herrscht Gleichgewicht, wenn die schwerere Person die gleiche Drehwirkung ausübt wie die leichtere. Bist du schwerer als deine Partnerin oder dein Partner, musst du näher bei der Drehachse sitzen.

Jede Drehwirkung hängt vom Produkt aus Kraft und Kraftarm ab. Daher kann eine kleinere Kraft mit einem längeren Kraftarm einer größeren Kraft mit einem kürzeren Kraftarm das Gleichgewicht halten.
Wenn die Produkte aus Kraft und Kraftarm – die Drehmomente – auf beiden Hebelseiten gleich sind, bleibt die Hebelstange im Gleichgewicht.

M Das **Hebelgesetz** lautet:
Kraft$_1$ mal Kraftarm$_1$ = Kraft$_2$ mal Kraftarm$_2$
$$F_1 \cdot r_1 = F_2 \cdot r_2$$

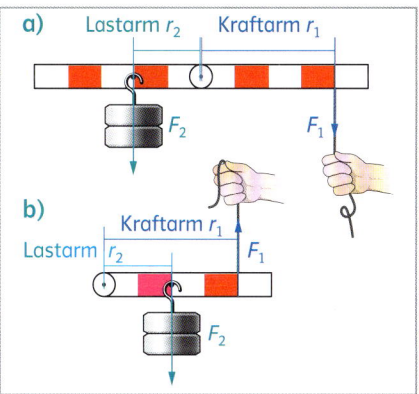

35.1 Der zweiseitige (a) und der einseitige (b) Hebel

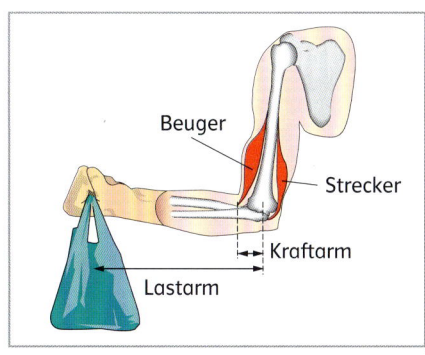

35.2 Eine Last leichter tragen!

Infobox:
Kraft sparen: langer Kraftarm
Geschwindigkeit gewinnen: kurzer Kraftarm

35.3 Eine Astschere hat lange Kraftarme und kurze Lastarme.

35.4 Die Sense hat einen kurzen Kraftarm und einen langen Lastarm.

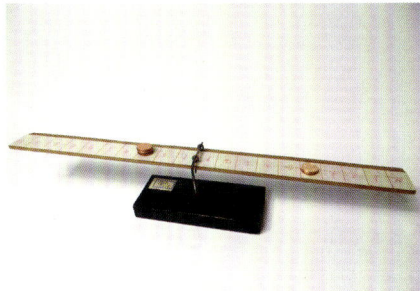

35.5 Die Münzenwippe

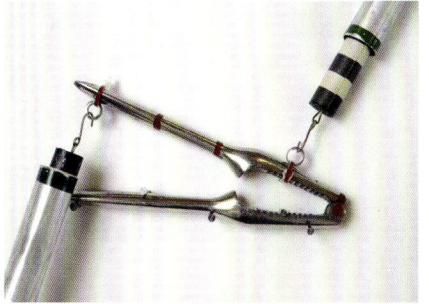

35.6 Dieser Nussknacker ist ein einseitiger Hebel und im Gleichgewicht.

1. Kannst du bei diesen Hebeln die beiden Kraftarme finden?

Es gibt viele Beispiele für die Anwendung eines Hebels im Alltag.
Wie viele einseitige und wie viele zweiseitige Hebel kannst du auf den folgenden Abbildungen entdecken?
Wo findest du den Kraftarm, wo den Lastarm?

36.1 Wie viele Hebel kannst du beim Korkenzieher erkennen?

36.2 Schraubenmuttern lassen sich mithilfe eines geeigneten Hebels gut lösen.

36.3 Gleichgewicht auf einer Wippschaukel

36.4 Beim händischen Umstellen einer Weiche benötigt man viel Kraft. Der Weichenhebel hilft dabei.

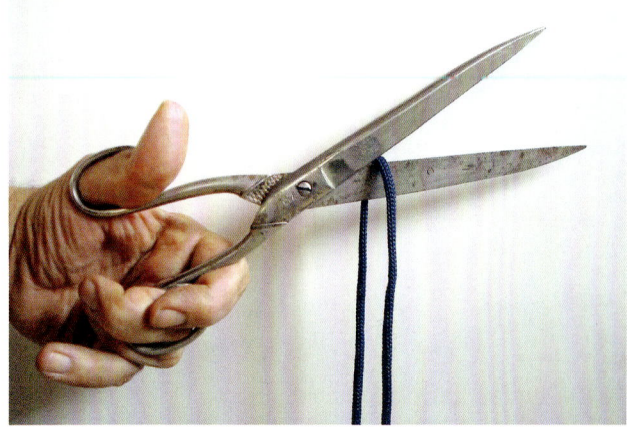

36.5 Wo schneidet die Schere mit der stärksten Kraft?

36.6 Bei diesem Kapselöffner kannst du nur die Drehachse und den Lastarm sehen. Wo ist der Kraftarm?

37.1 Mit dieser Zange lassen sich Nägel aus dem Holz entfernen.

37.2 Der Griff eines Wasserabsperrhahnes

37.3 Die Rohrzange hat besonders lange Kraftarme!

37.4 Der Bremshebel beim Fahrrad ermöglicht einen Kraftgewinn.

37.5 Wozu könnte der Druckhebel bei diesem Feuerlöscher dienen?

37.6 Ein Brecheisen zum Aufbrechen hartnäckiger Verbindungen

37.7 Auch beim Schraubenzieher verwenden wir das Hebelgesetz.

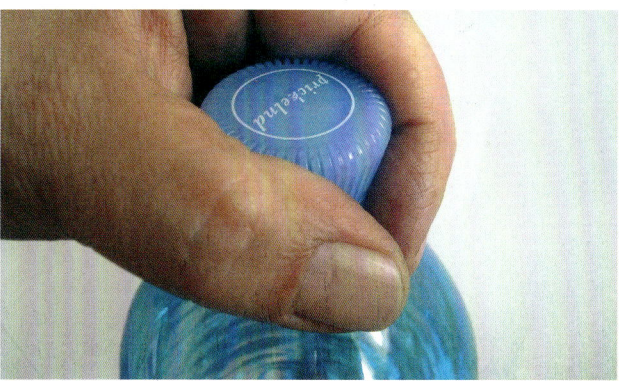

37.8 Der Schraubverschluss einer Wasserflasche

Rollen und Wellräder

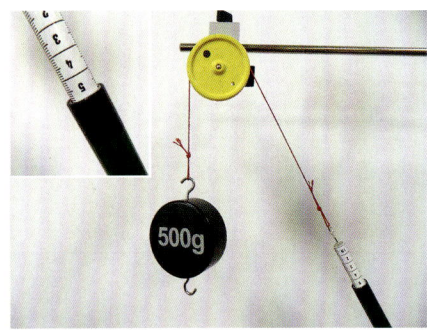

38.1 Die Kraft an festen Rollen

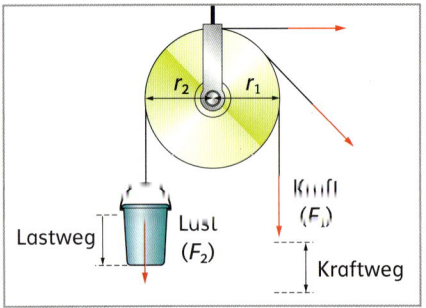

38.2 Die feste Rolle

38.3 Die Gewichtskraft der Kiste wird an der festen Rolle umgelenkt.

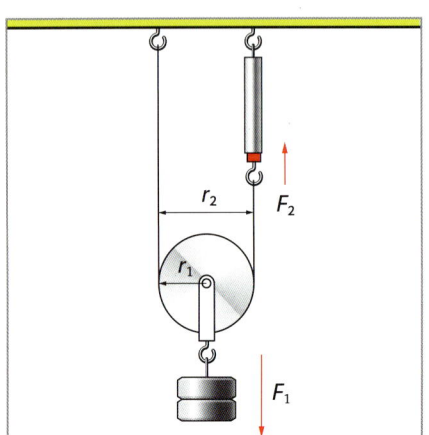

38.4 Die Kraft an beweglichen Rollen

1. Was bewirkt eine feste Rolle?

V1 Die Kraft an festen Rollen (Abb. 38.1) E1

Hänge eine Last an das Seil einer festen Rolle. Diese ist zB an einem Stativ so befestigt, dass sie ihre Position während der Benutzung nicht verändert. Miss die zum Ziehen benötigte Kraft in verschiedenen Winkeln mit einem Kraftmesser.

Eine **feste Rolle** ist eigentlich wie ein zweiseitiger Hebel mit gleich langen Kraftarmen (r_1, r_2). Daher sind Last und Kraft an der festen Rolle gleich groß. Auch der Weg der Kraft ist so groß wie der Weg der Last (Abb. 38.2).
Der einzige Vorteil einer festen Rolle ist, dass man beim Heben einer Last in beliebige Richtungen ziehen und somit auch sein Körpergewicht zum Heben einsetzen kann („Umlenkrolle").

> **M** Eine **feste Rolle** dient zum Umlenken einer Kraft. An ihr sind Kraft und Last sowie Kraftweg und Lastweg gleich groß.

2. Was bewirkt eine bewegliche („lose") Rolle?

V2 Kräftig gezogen! (Abb. 38.5) E1

Fixiere ein Seil und lege es um einen Rundstab, der von einer Person gehalten wird. Ziehe dann am freien Ende. Du kannst die haltende Person mit nur wenig Kraft zu dir ziehen.

Die Kraft der Last verteilt sich auf beiden Enden des Seiles zu gleichen Teilen. Du musst daher bei V2 nur halb so stark ziehen wie die Person, die den Stab hält. Um die Reibung zu vermindern, verwendet man anstelle des Stabes eine **bewegliche („lose") Rolle**.

V3 Die Kraft an beweglichen Rollen (Abb. 38.4) E1

Fixiere ein Seil und hänge eine bewegliche Rolle mit einer Last daran. Befestige einen Kraftmesser an dem freien Ende des Seils.

Eine bewegliche Rolle verhält sich wie ein einseitiger Hebel mit doppelt so langem Kraftarm. Die Kraft, mit der gezogen wird, ist daher nur halb so groß wie die Last (Abb. 38.4). Dafür ist der Kraftweg doppelt so lang wie der Lastweg.

> **M** Bei der **beweglichen Rolle** ist die Kraft nur halb so groß wie die Last, der Kraftweg aber doppelt so groß wie der Lastweg.

38.5 Kräftig gezogen!

38.6 Bewegliche Rolle bei einem Kran

→ Arbeitsheft-Seite 20–21

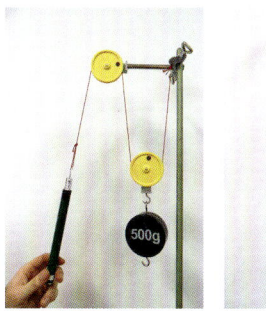
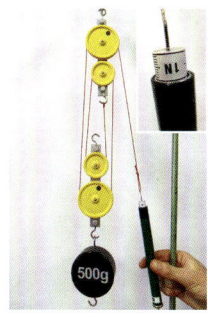

39.1 Jede bewegliche Rolle im Flaschenzug halbiert die aufgewendete Zugkraft.

39.2 Beim Drehen der Kabelrolle nützt man die Physik der Wellräder.

39.3 Wellräder im Uhrwerk einer alten Kirchturmuhr

3. Was ist ein Flaschenzug?

Um eine Last leichter heben zu können, hängt man sie an eine bewegliche Rolle und lenkt die Kraft mit einer festen Rolle in die gewünschte Richtung um. Oft verwendet man dabei mehrere bewegliche Rollen, wobei jede Rolle die Zugkraft halbiert (Abb. 39.1).

> **M** Eine Kombination von festen und beweglichen Rollen nennt man **Flaschenzug**.

> **Infobox:**
> Jede bewegliche Rolle halbiert den Kraftaufwand!

4. Was sind Wellräder?

V4 Kräfte an der Flasche (Abb. 39.4)   E1

Mach mit einem heißen Nagel ein Loch in die Mitte des Bodens und eventuell des Verschlusses einer PET-Flasche. Lagere die Flasche drehbar auf einer Stange. Fixiere eine Schnur mit Schlaufe am Flaschenhals und eine weitere um den Flaschenbauch (kräftiges Klebeband!). Hänge ein Massestück von 500 g an die Schlaufe des Halses. Mit dem Kraftmesser an der zweiten Schlaufe kannst du eine Kraftersparnis beim Halten erkennen.

39.4 Kräfte an der Flasche

Als Wellen werden in der Technik drehbare runde Stangen bezeichnet. Wellräder bestehen aus zusammenhängenden Wellen, Rollen, Zahnrädern oder Kurbeln mit unterschiedlichen Radien. Sie wirken wie Hebel.
Greift die Kraft am größeren Radius an, erzielt man eine **Kraftersparnis**, zB Fahrradkurbel, Handbohrer, Spannvorrichtungen (Abb. 39.5, 39.6 und 39.7).
Greift die Kraft am kleineren Radius an, erzielt man am großen Radius einen **Geschwindigkeitsgewinn**, zB am Hinterrad eines Fahrrades (Abb. 39.8).

> **M** An **Wellrädern** gilt das Hebelgesetz.
> Zum **Kraftgewinn** greift die Kraft am großen Radius an,
> zum **Geschwindigkeitsgewinn** am kleineren Radius.

39.5 Tretkurbel eines Fahrrades

39.6 Wellräder in einem Handbohrer

39.7 Spannvorrichtung für den Fahrdraht der Eisenbahn

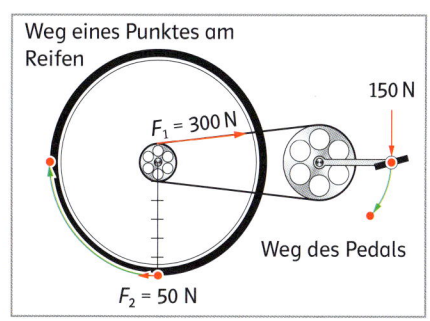

Weg eines Punktes am Reifen

$F_1 = 300$ N

150 N

Weg des Pedals

$F_2 = 50$ N

39.8 Kräfte und Wege beim Fahrrad

V1 Der Apfelspalter E1

Messerrücken

Stecke einen Apfel auf die Messerschneide und schlage mit dem
Rücken gegen die Tischkante.
Aufgrund der Trägheit bewegt sich
der Apfel durch die Messerschneide.

V2 Wackliger Münzturm E1

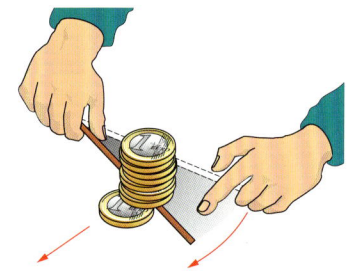

Schlage die untere Münze mit
einem Stäbchen weg, ohne dass
der Münzturm umfällt.
Bist du schnell genug, bewegt sich
der Münzturm durch seine Trägheit
gar nicht.

V3 Die träge Rolle E1

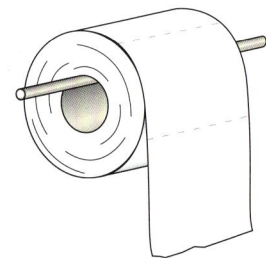

Hänge die Klopapierrolle an einen
Stab. Ziehe zuerst langsam, dann
ruckartig.
Beim schnellen Ziehen bewegt sich
die Rolle durch ihre Trägheit nicht.
Das Papierstück reißt ab.

V4 Roh und hart mit Drall E1

1.   2.   3.

?

Drehe je ein rohes und ein hart
gekochtes Ei schnell, stoppe es kurz
mit dem Finger und lass es wieder
aus.
Das harte Ei dreht sich schneller und
bleibt stehen. Das rohe Ei dreht sich
nach dem Stopp weiter, weil nur die
feste Schale stoppt, das flüssige
Innere sich aber durch die Trägheit
weiterdreht.

V5 Bewegungsanzeige E1

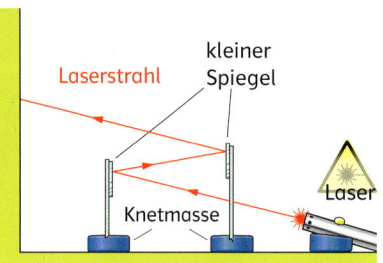

Laserstrahl
kleiner
Spiegel
Knetmasse
Laser

Baue die Anordnung laut Skizze
nach. Kaum wahrnehmbare Ver-
formungen der Tischplatte zeigen
sich durch die Bewegung des
Lichtpunktes.
Die Ursache ist der lange Licht-
strahlzeiger.

V6 Der Pendelwagen E1

Setze auf einen leichten Wagen ein
Pendel auf (zB schwere Schrauben-
mutter).
Durch die Gegenkraft bewegt sich
der Wagen in die Gegenrichtung des
Pendelausschlages.

V7 Die Kettenfontäne E1

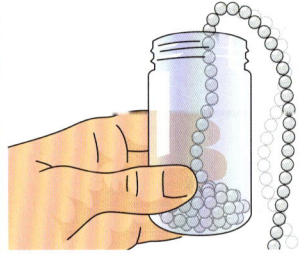

Gib eine mindestens 3 m lange
Kugelkette in ein Glas. Ziehe das
Ende schnell nach unten aus dem
Glas. Halte das Glas in die Höhe.
Die Kette steigt aus dem Glas – die
Höhe des Bogens hängt von der
Fallhöhe der Kette und ihrer Masse
ab (Mould-Effekt).

V8 Die Raketenflasche E1

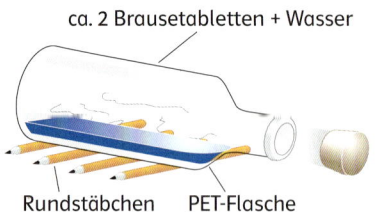

ca. 2 Brausetabletten + Wasser

Rundstäbchen   PET-Flasche

Fülle eine 0,5-l-PET-Flasche mit
etwas Wasser. Füge etwa zwei
Vitamin-Brausetabletten hinzu und
verschließe sie mit einem Korken.
Beim Wegschleudern des Korkens
bewegt sich die Flasche durch die
Gegenkraft.

V9 Die Kerzenschaukel E1

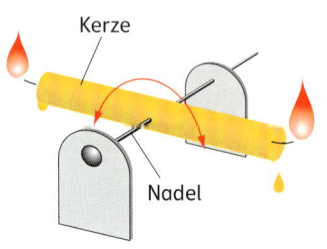

Kerze

Nadel

Stecke eine längere Nadel durch
eine Kerze und hänge sie drehbar
gelagert auf. Entzünde die Kerze
an beiden Seiten.
Durch das ungleiche Abbrennen
verschiebt sich der Schwerpunkt.
Die Kerze schaukelt.

V10 Gleiten und Haften · E1

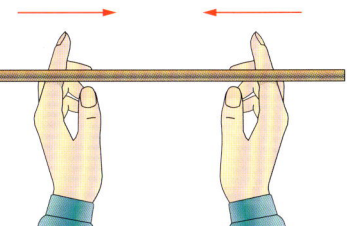

Lege eine Stange auf deine ausgestreckten Hände, ohne sie zu halten. Bewege die Hände aufeinander zu. Durch die Abwechslung von Haft- und Gleitreibung kommen die Hände im Schwerpunkt der Stange zueinander.

V11 Reibungskettchen · E1

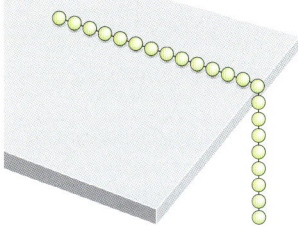

Lege ein Kugelkettchen so über die Tischkante, dass es gerade nicht herunterrutscht. Je nach Tischoberfläche hängt ein längerer oder kürzerer Kettchenteil herab. Aus dessen Gewicht lässt sich die Haftreibungskraft ermitteln.

V12 Eine Zauberdose · E1

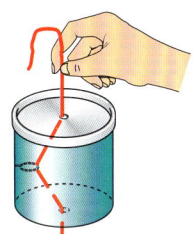

Baue die Dose (Erdnussdose und Deckel) wie in der Abbildung nach. Lässt du die Schnur locker, kann sie gleiten. Beim Spannen der Schnur verstärkst du die Reibung und die Dose bleibt stehen.

V13 Die anhängliche Dose · E1

Flaches Gummiband durch die Löcher führen und mit Zahnstochern befestigen.

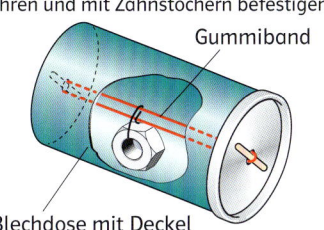

Gummiband

Blechdose mit Deckel

Rollst du diese Dose, dreht sich das Gummiband durch die Trägheit der schweren Schraubenmutter ein. Beim Loslassen wird die dadurch gespeicherte Verformungsenergie in Bewegungsenergie umgewandelt. Die Dose kommt wieder zurück.

V14 Auf und ab · E1

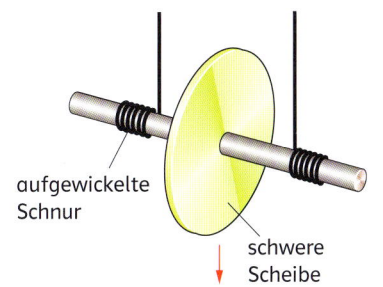

aufgewickelte Schnur

schwere Scheibe

Rollst du das Rad auf, speicherst du Lageenergie. Beim Abrollen wird Lageenergie in Bewegungsenergie umgewandelt. Durch die Trägheit dreht sich das schwere Rad weiter. Die Schnur rollt sich auf und Lageenergie wird gespeichert.

V15 Die Zeigerwaage · E1

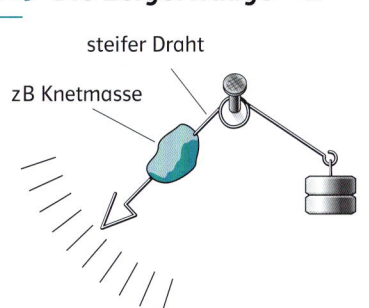

steifer Draht

zB Knetmasse

Biege einen Draht und befestige ihn mit einem Nagel. Beschwere den Zeiger mit Knetmasse und verwende Wägestücke, um die Skaleneinteilung zu machen. Probiere auch Modelle mit unterschiedlichen Zeigerlängen.

V16 Seilmaschinen · E1

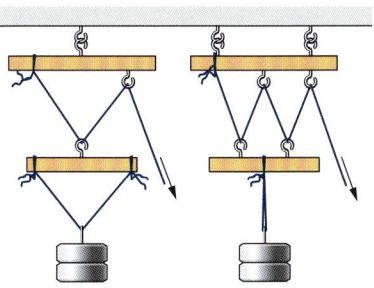

Verwende leichte Holzbrettchen und glatte Metallhaken. Spanne die Schnüre laut Abbildung. Jeder verwendete Haken des frei hängenden Brettchens halbiert die Zugkraft. Bei zu vielen Haken wird aber die Reibung zu groß.

V17 Zwirnspulendressur · E1, E2

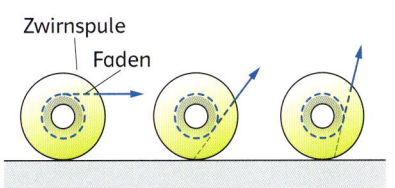

Zwirnspule

Faden

Verwende eine möglichst große Zwirnspule mit einigen Fadenwindungen. Ziehe am Faden! Rollt die Spule zu dir oder von dir weg? Probiere und überlege, worauf es ankommt!
Lösung auf → Seite 89!

V18 Ein Hebewerk · E1, E2

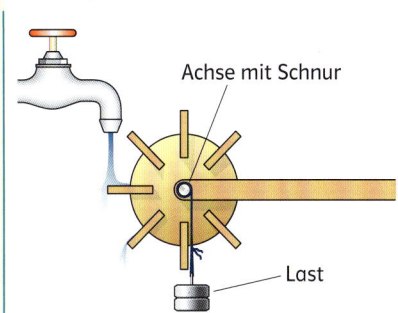

Achse mit Schnur

Last

Baue ein Wasserrad mit Wickelvorrichtung. „Kurble" eine Last mithilfe eines Wasserstrahls hoch. Wie könntest du das Wasserrad „kräftiger" machen?

1. Kreuze die richtigen Aussagen über Reibung an:

W1

☐ Reibung entsteht durch Unebenheiten an den Berührungsflächen.

☐ Nur wenige Flächen haben keine Unebenheiten und sind daher ganz glatt.

☐ Kugellager verringern die Reibung, indem sie die Gleitreibung in Rollreibung umwandeln.

☐ Die Reibung wird durch Schmiermittel vergrößert.

☐ Bei der Haftreibung greifen die Unebenheiten besonders stark ineinander.

☐ Je mehr Gewicht auf die Reibflächen drückt, desto kleiner wird die Reibung.

2. Welche Tätigkeiten sind keine Arbeit im physikalischen Sinne? Kreuze an.

W1

☐ Den Einkauf in den 2. Stock tragen.   ☐ Auf einen Berg wandern.   ☐ Einen Kasten schieben.

☐ Einen 5 kg Kartoffelsack halten.   ☐ Knetmasse verformen.   ☐ Das Physikbuch lesen.

☐ Einen Ball werfen.   ☐ Ein gespanntes Gummiringerl halten.

3. Das Formelzeichen der Arbeit ist _____ , ihre Maßeinheit ist _____ .

W1

Das Formelzeichen der Leistung ist _____ , ihre Maßeinheit ist _____ .

4. Welche Energieformen werden bei dem Pendel ineinander umgewandelt?

W1

_____ in _____

in _____

5. Ringle die **Drehachse grün** ein, ziehe den **Lastarm rot** und den **Kraftarm blau** nach.

W1

Einseitige Hebel sind: _____

Zweiseitige Hebel sind: _____

6. Bestimme die fehlenden Angaben beim Hebel und beim Flaschenzug.

W1

60 N   _____ N   _____ N   500 N

7. Bei welcher der drei Fahrradgangschaltungen ist der 1. Gang (der am leichtesten zu tretende) eingezeichnet? Kreuze an.

W1, S3

☐   ☐   ☐

 8. Reibung ist nicht erwünscht bei: _____

W1 Reibung ist erwünscht bei: _____

Reibung soll Wärme erzeugen bei: _____

Reibung soll Abrieb erzeugen bei: _____

9. Tante Lisa kauft 10 kg Zwiebeln (ca. 100 N Gewicht) und trägt sie in 50 Sekunden in den zweiten Stock, das sind etwa

W1 10 m Höhenunterschied.
Berechne die Arbeit, die Tante Lisa verrichtet hat und ihre Leistung.

$F =$ _____ ; $s =$ _____ ; $t =$ _____

$W =$ _____ · _____ = _____ · _____ = _____

$P =$ _____ : _____ = _____ : _____ = _____

10. Welcher Begriff passt zu welchen Energiearten am besten?

W1

	aufge-zogene Uhr	Apfel am Baum	fliegender Vogel	Radfahren	Kinetische Energie	Potentielle Energie	Elastische Energie
Lageenergie							
Bewegungs-energie							
Spann-energie							

11. Warum kann ein Pendel beim Schwingen die anfängliche Höhe nicht mehr erreichen?

W1, S4 _____

_____

12. Bestimme die fehlenden Angaben beim Hebel und beim Flaschenzug.

W1

_____ N

60 N

1200 N

_____ N

13. Fahrradgangschaltung: Zeichne die Kette beim 15. (schwersten) Gang ein.

W1

14. Recherchiere: Wo können „**Wellräder**" verwendet werden? Wie viele Anwendungen findest du?

W2 _____

_____

44.1 Mit dem Wort „Stoff" werden unterschiedliche Materialien bezeichnet.

1. Was zeigt uns, dass alle Stoffe aus kleinsten Teilchen bestehen?

Zucker löst sich im Wasser auf. Du kannst ihn zwar nicht mehr sehen, aber schmecken, wenn du vom Zuckerwasser kostest.

V1 Teilchen aus der Flasche (Abb. 44.2) E1

Öffne eine Parfumflasche oder sprühe etwas Parfum in den Raum. Überprüfe, ab welcher Entfernung du die Duftstoffe riechen kannst. Die leicht flüchtigen Duftstoffe verteilen sich mit der Zeit im Raum.

M Beim Auflösen und Verdunsten scheinen Stoffe zu verschwinden. Tatsächlich zerfallen sie nur in einzelne, nicht sichtbare **Teilchen**.

Demokrit von Abdera (→ Seite 8) nahm an, dass alle Stoffe der Welt aus kleinsten unteilbaren Teilchen, den **Atomen**, bestehen (gr. *atomos* ... unteilbar).
Von diesen Atomen gibt es viele verschiedene Arten. Selten bestehen Stoffe aus nur einer Atomart.
Atome können einander anziehen (oder abstoßen). Sie bilden dadurch Gruppen, sogenannte Moleküle (zB bei Wasser), oder sie schließen sich regelmäßig zu Kristallen (zB bei Mineralien) zusammen.
Im **Teilchenmodell** stellen wir uns die kleinsten Teilchen als kleine Kügelchen vor. Das hilft uns, einige Vorgänge in der Welt besser zu verstehen.

44.2 Teilchen aus der Flasche

2. Welche Eigenschaften haben die kleinsten Teilchen der Stoffe?

Die kleinsten Teilchen sind sehr klein (etwa 1 Zehnmillionstel Millimeter) und daher für das menschliche Auge unsichtbar. 1 cm³ Luft enthält etwa 27 000 000 000 000 000 000 (27 Trillionen) Luftteilchen!

V2 Löst von selbst! (Abb. 44.5) E1

Färbe ein Stück Würfelzucker mit Lebensmittelfarbe und lege es in eine flache Schale mit etwas Wasser. Beobachte, wie der Zuckerwürfel zerfällt. Die Wasserteilchen bewegen sich ständig und können dadurch den Zucker in seine kleinsten Teilchen zerlegen und verteilen.

44.3 Beim Föhnen verteilen sich die Wasserteilchen in der Luft.

M Die kleinsten Teilchen sind **sehr klein** und daher nicht sichtbar. Sie **bewegen sich** ständig und unregelmäßig.

44.4 Atome können mit einem Rasterelektronenmikroskop sichtbar gemacht werden.

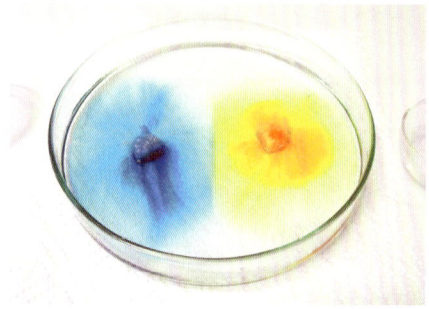

44.5 Löst von selbst!

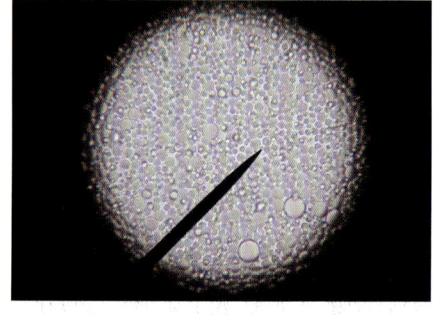

44.6 Die Fetttröpfchen des verdünnten Schlagobers bewegen sich ständig.

→ Arbeitsheft-Seite 22

3. Warum sind Stoffe fest, flüssig oder gasförmig?

Die anziehende Kraft zwischen den kleinsten Teilchen eines Stoffes, die **Kohäsion (Zusammenhangskraft)**, bestimmt die Zustandsform dieses Stoffes. Je nach Stärke der Kohäsion kommen Stoffe in drei Zustandsformen (**Aggregatzuständen**) vor: **fest**, **flüssig** oder **gasförmig**.

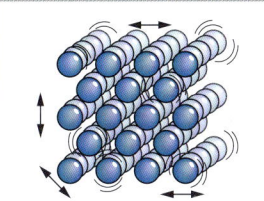 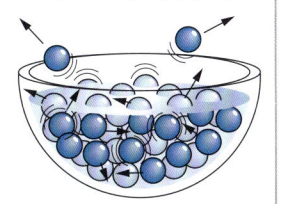 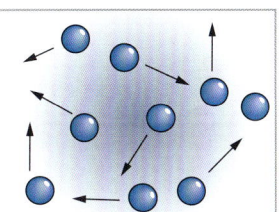

fest:
Kohäsion stark,
Teilchen schwingen

flüssig:
Kohäsion nur schwach,
Teilchen gut beweglich

gasförmig:
fast keine Kohäsion,
Teilchen frei beweglich

V3 Drei Wachszustände (Abb. 45.4)   E1

Beobachte die drei Aggregatzustände an einer brennenden Kerze. Der Kerzenkörper besteht aus festem Wachs. In der „Schale" um den Docht sammelt sich flüssiges Wachs. Der nichtleuchtende Bereich um den Docht enthält gasförmiges Wachs. Ziehe eine dünne Glasplatte durch die nichtleuchtende Flamme. Sie fühlt sich nun „wachsig" an.

M Die Teilchen *eines* Stoffes halten durch die **Kohäsion** zusammen (Zusammenhangskraft). Bei Feststoffen ist die Kohäsion stark, bei Flüssigkeiten schwach und bei Gasen fast gar nicht vorhanden.

4. Warum bleiben manche Stoffe aneinander haften?

Betrachtest du die Schrift eines Buches mit einer starken Lupe, siehst du, dass kleine Farbpunkte auf der Seite kleben. Zwischen den Teilchen verschiedener Stoffe kann es auch eine Anziehung geben, die **Adhäsion (Anhangskraft)** heißt.

V4 Die Münze steht! (Abb. 45.5)   E1

Lässt du eine Münze an der Außenseite eines geraden Glases herunterfallen, bleibt sie nicht stehen. Ist die Münze aber feucht, kann sie durch die Adhäsion des Wassers aufrecht am Glas gehalten werden.

M Die **Adhäsion** (Anhangskraft) zwischen *verschiedenen* Stoffen nutzt man zB beim Kleben, Malen, Schreiben und Löten.

45.1 Feststoffe sind zB Holz, die Metalle Eisen und Gold, Gummi, Quarz, Zucker und Salz.

45.2 Wasser, Spiritus, Benzin und das Metall Quecksilber sind Flüssigkeiten.

45.3 Gase sind meist farblos wie Luft und Kohlenstoffdioxid. Chlorgas ist grünlich.

Infobox:
Kohäsion wirkt innerhalb **eines Stoffes**.
Adhäsion wirkt zwischen **verschiedenen Stoffen**.

45.4 Drei Wachszustände

gasförmiges Wachs
flüssiges Wachs
festes Wachs

45.5 Die Münze steht!

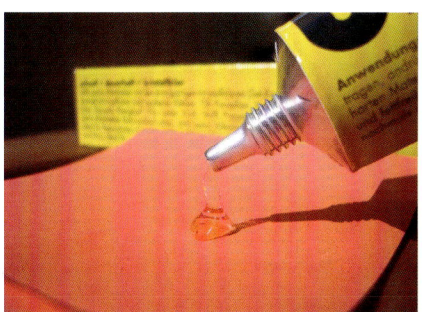

45.6 Zwischen Klebstoff und Papier herrschen große Adhäsionskräfte.

Eigenschaften fester, flüssiger und gasförmiger Körper

46.1 Spröde – elastisch – plastisch

46.2 Teilchen auf den Platz!

46.3 Wasserbuckel

46.4 Wenn Eisen schwimmt …

1. Welche Eigenschaften haben Feststoffe?

Feststoffe können **spröde** sein und beim Verformen brechen. **Elastische** Stoffe nehmen die ursprüngliche Form wieder ein, wenn sie verformt werden. **Plastische** Stoffe hingegen behalten nach dem Verformen die neue Form.

V1 Teilchen auf den Platz! (Abb. 46.2) E1

Stelle eine flache Schale an einen ruhigen Ort und gieße etwas warme gesättigte Kochsalzlösung hinein. Eine gesättigte Kochsalzlösung erhältst du, indem du in warmem Wasser so viel Salz auflöst, bis ein Bodensatz bleibt.
Das Wasser in der flachen Schale verdunstet nach einiger Zeit. Die Salzteilchen hängen sich wieder regelmäßig aneinander und bilden quaderförmige Kristalle. Betrachte die Kristalle mit einer Lupe.

M Feststoffe haben eine bestimmte Gestalt und können **spröde**, **elastisch** oder **plastisch** sein.

2. Welche Eigenschaften haben Flüssigkeiten?

V2 Wasserbuckel (Abb. 46.3) E1

Fülle ein Glas voll mit Wasser und stelle es ruhig auf den Tisch. Lass vorsichtig einige Centmünzen nach und nach ins Wasser gleiten, bis das Wasser überläuft. Die Wasseroberfläche bildet einen Buckel.

Die Wasserteilchen der Oberfläche halten stärker zusammen als im Inneren. Diese Eigenschaft wird als **Oberflächenspannung** bezeichnet.

V3 Wenn Eisen schwimmt … (Abb. 46.4) E1

Fülle ein Glas mit kaltem Wasser und stelle es ruhig auf den Tisch. Nimm einen Reißnagel (Ø 1 cm) und setze ihn vorsichtig mit der flachen Seite auf die Wasseroberfläche. Er „schwimmt" auf der Oberfläche, die durch ihn wie ein Gummituch eingedrückt wird.
Gibst du einen Tropfen Spülmittel in das Wasser, kann es den Reißnagel nicht mehr tragen.

Durch Waschmittel wird die Oberflächenspannung des Wassers geschwächt. Das Wasser wird dadurch dehnbarer und kann auch dünne Häute bilden, zB beim Badeschaum oder bei Seifenblasen.

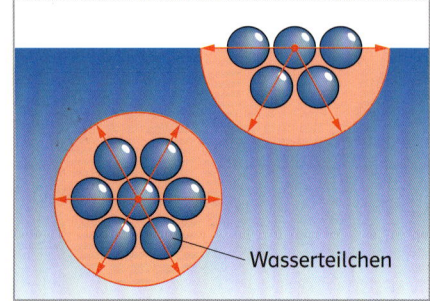

46.5 Die Kohäsion der Oberflächenteilchen wirkt nur nach unten und ist dadurch stärker.

46.6 Bei diesem Brunnen bildet das Wasser eine „Haut".

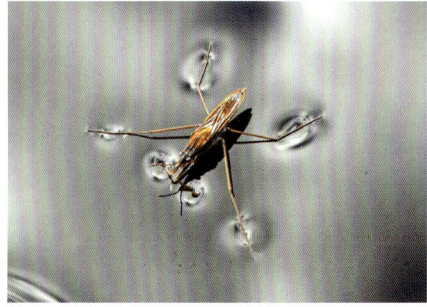

46.7 Ein Wasserläufer nutzt die Oberflächenspannung des Wassers.

V4 Wie ein Trampolin! (Abb. 47.1)   E1

Tauche einen größeren Seifenblasenring in die Seifenblasenlösung.
Bewegst du den Ring hin und her, schwingt die Wasserhaut wie ein
weiches Gummituch. Löse eine große Seifenblase ab, indem du den Ring
nicht zu schnell durch die Luft ziehst.

M Die **Oberflächenspannung** bei Flüssigkeiten entsteht dadurch, dass die
Teilchen der Oberfläche besser zusammenhalten.
Waschmittel verringern die Oberflächenspannung.

V5 Wasser macht nass, oder? (Abb. 47.2)   E1, E4

Setze mit einer Pipette Tropfen auf verschiedene Oberflächen: Glas, Holz,
Wachs, Entenfedern, Blätter, Aluminiumfolie, fette Haut …
Nicht auf allen Oberflächen bleibt das Wasser haften!

V6 Wasser klettert (Abb. 47.3)   E1, E4

Gieße gefärbtes Wasser in eine flache Schale. Beobachte, wie das Wasser in
verschiedenen Materialien hochklettert. Verwende zB dünne Glasröhrchen,
Zuckerwürfel, Klopapier, Watte, Kreide usw.

Wasser wirkt **benetzend** und macht **nass**, wenn die Adhäsion zwischen Wasser
und der Oberfläche groß ist. Benetzende Flüssigkeiten können sich in dünnen
Röhren („Haarröhrchen", „Kapillaren") von selbst hochziehen.
Diese **Haarröhrchenwirkung** kannst du bei Handtüchern, Kerzendochten und
tönernen Blumentöpfen beobachten.
Ist die Adhäsion klein, zieht die Kohäsion das Wasser zu kugelförmigen Tropfen
zusammen, die „abperlen". **Nichtbenetzende** Oberflächen verwendet man zB bei
Regengewand und beschichteten Kochtöpfen.

M **Benetzende** Flüssigkeiten ziehen sich in **Haarröhrchen** (Kapillaren) von
selbst hoch.
Nichtbenetzende Flüssigkeiten perlen an Oberflächen ab.

3. Welche Eigenschaften haben Gase?

V7 Gummibärlis Taucherglocke (Abb. 47.6)   E1

Lege ein Gummibärli in eine Teelichtschale und setze sie in ein Wasserbe-
cken. Stülpe ein leeres Trinkglas darüber und tauche es bis zum Boden ein.
Die Luftteilchen benötigen Platz und lassen das Wasser nicht eindringen.

M **Gase** nehmen Raum ein, lassen sich aber zusammendrücken.

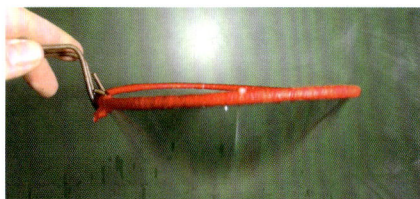
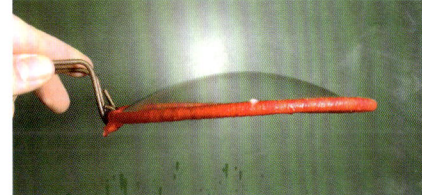

47.1 Wie ein Trampolin!

47.2 Wasser macht nass, oder?

47.3 Wasser klettert

47.4 Aufsteigendes Wasser kann Wände
zerstören. Eine Trennschicht verhindert das.

47.5 Durch das Fett auf den Federn werden
Wasservögel nicht nass.

47.6 Gummibärlis Taucherglocke

3 Temperatur und Wärme

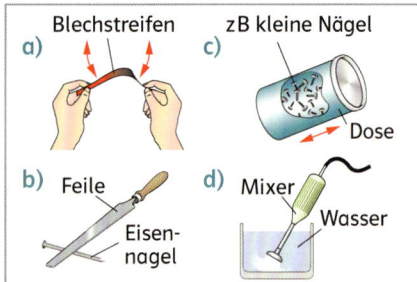

48.1 Wir erzeugen Wärme!

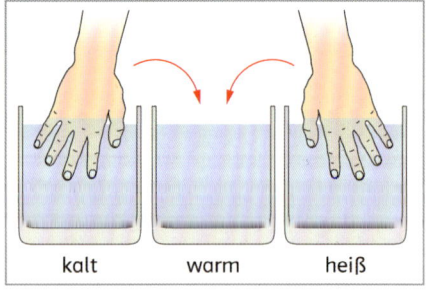

48.2 Kalt und warm

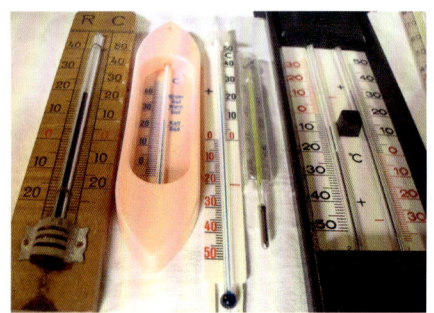

48.3 Beim Reiben am Zündmetall eines Feuerzeuges entzünden sich Metallspäne an der Luft. Dadurch entstehen heiße Funken.

Infobox:
Ein „Bimetall" besteht aus zwei unterschiedlichen Metallschichten (→ Seite 51).

1. Welcher Zusammenhang besteht zwischen Teilchenbewegung, Temperatur und Wärme?

V1 Wir erzeugen Wärme! (Abb. 48.1) E1, E4

Fühle und miss die Temperatur vor und nach den Versuchen.
a) Biege einen Blechstreifen etwa 10-mal schnell hin und her.
b) Bearbeite einen Nagel (80 mm) fest mit einer Feile.
c) Fülle eine Blechdose mit kleinen Nägeln und schüttle sie kräftig.
d) Sprudle 250–500 ml Wasser einige Minuten lang mit einem Stabmixer.

Erhöhst du die Bewegungsenergie der Teilchen eines Körpers, erhöht sich auch seine Temperatur.

V2 Kalt und warm (Abb. 48.2) E1

Tauche die gekühlte und die erhitzte Hand gleichzeitig in lauwarmes Wasser. Was spürst du?

Die schwingenden Teilchen eines heißeren Körpers (zB Badewasser) können auch die Teilchen eines anderen Körpers (zB Mensch) in schnellere Bewegung versetzen. Die Teilchen des heißeren Körpers verlieren Energie. Der Körper kühlt aus, bis sich die Temperaturen der beiden Körper ausgeglichen haben.

M Wärme = Teilchenbewegung: Je schneller sich die Teilchen eines Körpers bewegen, desto höher ist seine Temperatur.

2. Womit misst du die Temperatur eines Körpers?

Die Messgeräte für die Temperatur heißen **Thermometer**. Bei Flüssigkeitsthermometern (Abb. 48.4) dehnen sich gefärbter Alkohol oder Quecksilber in einem Röhrchen aus („der Faden wird länger"). Beim Bimetallthermometer (Abb. 48.5) rollt sich eine Spirale aus zwei verbundenen Metallstreifen ein oder aus.

V3 Ein eigenes Thermometer! (Abb. 48.6) E1

Fülle ein Reagenzglas voll mit gefärbtem Spiritus und setze einen Stopfen mit einer längeren Glasröhre auf. Tauche das Glas in Eiswasser, das du erwärmst. Beobachte und markiere den Flüssigkeitsstand in der Röhre.

M Zur Messung der Temperatur verwendet man **Flüssigkeitsthermometer**, **Bimetallthermometer** und **Digitalthermometer**.

48.4 Flüssigkeitsthermometer

48.5 Bimetallthermometer

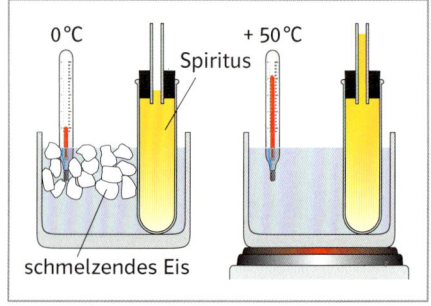

48.6 Ein eigenes Thermometer!

3. Wie ist die „Celsius-Skala" festgelegt?

Der schwedische Astronom **Anders Celsius** (1701–1744, → Seite 8) verwendete die Temperaturen schmelzenden Eises (Schmelzpunkt) und siedenden („kochenden") Wassers (Siedepunkt) als Ausgangspunkte seiner Thermometerskala. Er unterteilte diesen Abstand in 100 Teile.

> **V4 Die Celsius-Fixpunkte (Abb. 49.3)** E1
>
> Fülle ein Becherglas mit zerstoßenem Eis und etwas Wasser und bestimme die Temperatur im Eis. Erwärme das Glas auf der Heizplatte bis zum Siedepunkt und miss die Temperatur. Kocht das Wasser bei genau 100 °C?

Der Siedepunkt des Wassers beträgt nur bei normalem Luftdruck (→ Seite 64–65) genau 100 °C. Bei niedrigerem Luftdruck liegt er unter, bei höherem über 100 °C.

> **M** Die **Celsius-Skala** bezeichnet den Schmelzpunkt des Eises mit 0 °C (Grad Celsius), den Siedepunkt des Wassers mit 100 °C.

49.1 Eis schmilzt bei 0 °C (273 K).

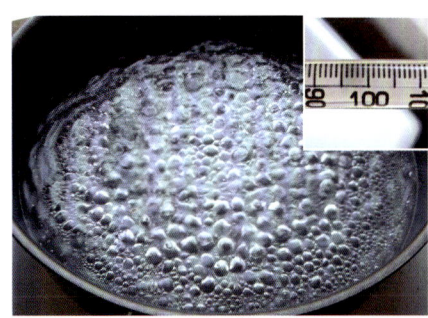

49.2 Wasser siedet (= kocht) bei 100 °C (373 K).

4. Was ist die „Kelvin-Skala"?

Es ist nicht möglich, eine höchstmögliche Temperatur anzugeben, da die Bewegung der Teilchen stets gesteigert werden kann. Beim Verlangsamen der Teilchen (Abkühlen) stößt man aber in der Modellvorstellung auf eine Grenze, an der sich die kleinsten Teilchen nicht mehr bewegen. Diese Temperaturgrenze ist praktisch nicht erreichbar. Sie wird als **absoluter Nullpunkt** bezeichnet. Dieser liegt bei −273,15 °C.

Der englische Physiker **William Thomson** (1824–1907, → Seite 8) schlug eine Thermometerskala vor, die beim absoluten Nullpunkt beginnt.

> **M** Beim **absoluten Nullpunkt** bewegen sich die Teilchen nicht mehr. Von ihm geht die **Kelvin-Skala** aus. 0 K = ca. −273 °C; 0 °C = ca. 273 K

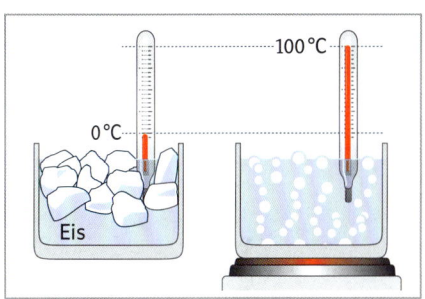

49.3 Die Celsius-Fixpunkte

	Temperatur	
Sonnenkern		ca. 15 000 000 K
Sonnenoberfläche	5 505 °C	5 778 K
Schmelzpunkt von Eisen	1 535 °C	1 808 K
höchste Temperatur auf der Erde (Libyen)	57,8 °C	330,8 K
tiefste Temperatur auf der Erde (Antarktis)	−89,2 °C	183,8 K
Mondtag	130 °C	403 K
Mondnacht	−160 °C	113 K
Luft wird flüssig.	−196 °C	77 K

Infobox:
Umrechnen von °C in K:
zB 20 (°C) + 273 = 293 K
Umrechnen von K in °C:
zB 4 000 (K) − 273 = 3 727 °C

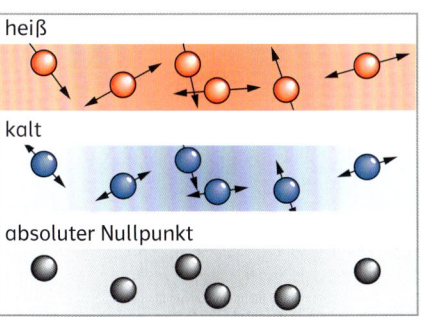

49.4 Die Teilchen erklären uns verschiedene Wärmezustände (Temperaturen).

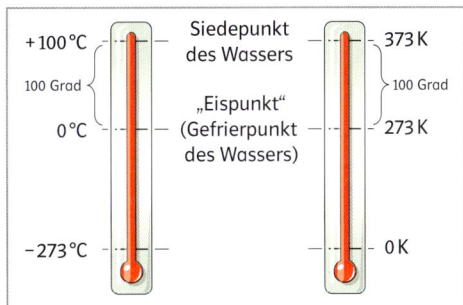

49.5 Celsius und Kelvin

49.6 Quecksilber schmilzt bei ca. −39 °C (234 K) und siedet bei 357 °C (630 K).

50.1 Die Kugel klemmt!

1. Was passiert beim Erwärmen eines Stoffes?

V1 Die Kugel klemmt! (Abb. 50.1) E1

Eine Eisenkugel passt genau durch einen Eisenring. Erwärmst du die Kugel, geht sie auf einmal nicht mehr durch den Ring. Du musst warten, bis sie wieder ausgekühlt ist!

V2 Das Wasser steigt! (Abb. 50.2) E1

Fülle einen kleineren Rundkolben mit Wasser voll und setze einen Stopfen mit Glasrohr auf. Beim Erhitzen des Kolbens steigt das Wasser im Rohr.

V3 Die blubbernde Flasche (Abb. 50.3) E1

Setze auf einen großen Rundkolben einen Stopfen mit Glasrohr und halte das Rohr unter Wasser. Erwärmst du den Kolben mit warmen Händen, treten Luftblasen aus dem Rohr.

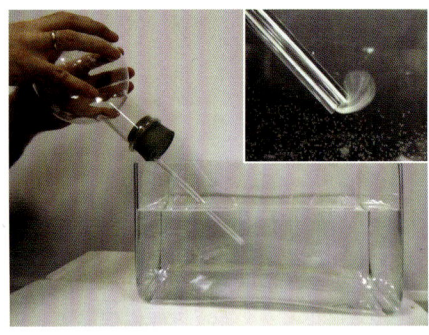

50.2 Das Wasser steigt!

Die drei Versuche zeigen dir, dass sich Stoffe **beim Erwärmen ausdehnen** und beim Abkühlen zusammenziehen.
Bei **Feststoffen** kann man diese Volumsänderung nicht gut erkennen. **Flüssigkeiten** dehnen sich bereits so stark aus, dass man das Steigen des Flüssigkeitsspiegels in einer Röhre beobachten kann. Manche Flüssigkeiten (zB Alkohol, Quecksilber) werden daher in Thermometern verwendet (→ Seite 48).
Besonders stark dehnen sich **Gase** aus. Beim Erwärmen von 0 °C auf 100 °C steigt das Volumen um 366 cm³ pro Liter Luft (Abb. 50.4).

Natürlich bekommt ein Körper beim Erwärmen **nicht mehr Material**. Die Teilchen werden dabei auch **nicht größer**. Es bewegen sich lediglich die kleinsten Teilchen des Körpers **schneller** und brauchen dadurch **mehr Platz** (Abb. 50.6). Nachdem die Teilchen eines Feststoffs weniger beweglich sind als die Teilchen von Flüssigkeiten oder Gasen, ist die Volumsänderung bei Feststoffen geringer.

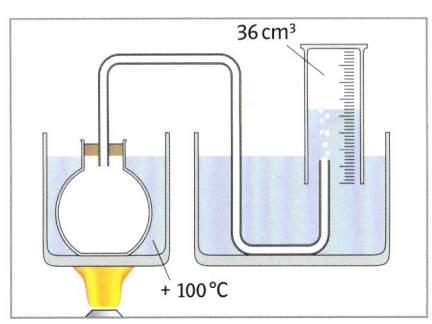

50.3 Die blubbernde Flasche

> **M** Stoffe **dehnen sich beim Erwärmen aus** und ziehen sich beim Abkühlen zusammen.
> Die **Volumsänderung** ist bei Feststoffen schwach, bei Flüssigkeiten und Gasen gut beobachtbar.
> Beim Erwärmen bewegen sich die **kleinsten Teilchen schneller** und brauchen dadurch **mehr Platz**.

50.4 Eine 100-ml-Flasche mit 0 °C kalter Luft wird in siedendes Wasser getaucht.

50.5 Liegt ein stark aufgeblasener Luftballon auf einem Heizkörper, platzt er bald.

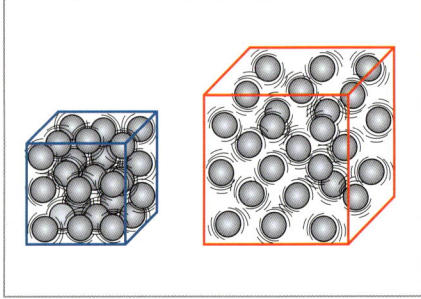

50.6 Die Teilchen brauchen beim Erwärmen mehr Platz.

→ Arbeitsheft-Seite 26–27

2. Wobei muss man die Wärmeausdehnung berücksichtigen?

LV1 Lauter Scherben! (Abb. 51.1) E1

ACHTUNG! Erhitzt man ein dünnwandiges Reagenzglas und versucht es in kaltem Wasser abzukühlen, zerbricht das Glas in lauter kleine Scherben!

Taucht man ein heißes Stück Glas in kaltes Wasser, wird die Außenseite abgekühlt und zieht sich zusammen. Das Innere ist aber noch immer recht heiß. Deshalb treten Spannungen auf, die zum Brechen des Glases führen können.

51.1 Lauter Scherben!

V4 Das Ausgleichslager (Abb. 51.2) E1

Spanne eine Aluminiumstange (ca. 1 m) auf einer Seite fix ein. Lege das andere Ende auf eine dünne Rolle (zB Schraube mit Gummischlauch) mit aufgestelltem Zeiger. Erwärmst du die Aluminiumstange gleichmäßig mit dem Gasbrenner, wird sie länger und bewegt den Zeiger.

Bei längeren Körpern zeigt sich die Wärmeausdehnung sehr deutlich.

Um ein Verbiegen oder Brechen zu vermeiden, werden zB Dehnungsfugen zwischen Brückenteile gesetzt (Abb. 51.4). Auch bei älteren Schienenstrecken kannst du sie beobachten. Neue Gleise werden in heißem Zustand verschweißt und stehen unter Spannung (Abb. 51.3).

Teile größerer Brücken sind nicht fest mit dem Pfeiler verbunden, sondern stehen auf beweglichen Ausgleichslagern (Abb. 51.5).

51.2 Das Ausgleichslager

M Bei unterschiedlicher Wärmeausdehnung treten **Spannungen** in Körpern auf, die zum Biegen oder Brechen führen können.
Bei Brücken, Straßen, Gleisen usw. werden daher Dehnungsfugen und Ausgleichslager eingesetzt.

3. Was ist ein Bimetall?

V5 Es verbiegt sich! (Abb. 51.6) E1

Klebe eine Papieretikette auf ein Stück Aluminiumfolie und schneide davon einen dünnen Streifen ab. Hältst du den Streifen über eine Flamme, verbiegt er sich. Das Aluminium dehnt sich bei Erwärmung besser aus als das Papier.

M **Bimetalle** bestehen aus zwei („bi-") aufeinander befestigten Metallschichten mit unterschiedlicher Wärmeausdehnung.
Sie werden für Thermometer und Thermostate (Wärmeregler) verwendet.

51.3 Alte und neue Verbindung zweier Schienenstücke

51.4 Dehnungsfuge einer Brücke

51.5 Ausgleichslager einer Brücke

51.6 Es verbiegt sich!

3 Die Druckwirkung von Kräften

52.1 Was drückt stärker?

52.2 Skier verteilen das Gewicht auf eine größere Fläche. Ohne Skier sinkst du im Schnee ein.

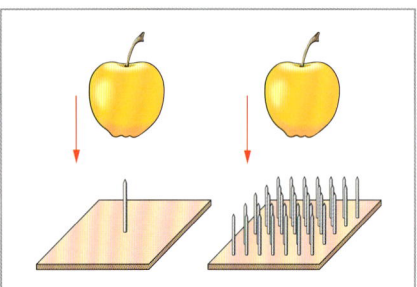

52.3 Ein Apfel als Fakir

Infobox:
große Kraft – großer Druck
kleine Kraft – kleiner Druck
große Fläche – kleiner Druck
kleine Fläche – großer Druck

1. Welche Beispiele gibt es für die Druckwirkung von Kräften?

Das Wort „Druck" kommt im Alltag recht häufig vor: Ein schwerer Stein hinterlässt einen Abdruck im weichen Erdboden. Aus dem Wasserhahn schießt das Wasser mit großem Druck heraus. Ein Autoreifen wird mit 2 bar Druck aufgepumpt.

> **M** **Feste Körper** drücken auf ihre Unterlage.
> **Flüssigkeiten und Gase** drücken auch gegen die Wände ihrer Gefäße, zB Wasser gegen die Schlauchwand, Luft gegen die Ballhülle.

2. Worin liegt der Zusammenhang zwischen Druckkraft, Druckfläche und Druck?

> **V1** **Was drückt stärker? (Abb. 52.1)**   E1
>
> Lass Gewichte von 10 N und 20 N (1- und 2-kg-Wägestück) auf verschiedene Gegenstände (Murmel, Nagel, 1-cm³-Würfel, Nadel …) drücken, die auf einer Styroporplatte liegen.
> Welche Kombination drückt sich am stärksten in das Styropor?

Schnallst du beim Skifahren im Tiefschnee die Skier ab, wirst du tief in den Schnee sinken. Dein Gewicht wird durch die Skier auf eine große Fläche verteilt (Abb. 52.2). Genauso verhält es sich, wenn sich ein Fakir auf ein Nagelbrett legt – je mehr Nägel, desto weniger Gewicht kommt auf einen Nagel.

> **V2** **Ein Apfel als Fakir (Abb. 52.3)**   E1
>
> Lass je einen Apfel aus etwa 1 m Höhe auf ein Nagelbrett mit nur einem und auf ein Brett mit vielen Nägeln fallen.

Bei großen Flächen wirkt auf jeden cm² eine kleinere Kraft als beim Druck auf eine kleine Fläche.

Große Fläche – kleiner Druck: Raupenfahrzeuge sinken im Erdreich nicht ein (Abb. 52.4). Skier verhindern das Einsinken im Schnee.
Kleine Fläche – großer Druck: Stöckelschuhe hinterlassen Abdrücke im Parkett (Abb. 52.5). Nägel, Nadeln und Klingen müssen zum besseren Eindringen sehr spitz oder scharf geschliffen sein (Abb. 52.6).

> **M** Der Druck ist die **Druckkraft**, die **pro Flächeneinheit** auf eine Fläche wirkt. Je kleiner die Fläche ist, desto größer ist der Druck.

52.4 Raupenfahrzeuge sinken in weicher Erde nicht ein.

52.5 Die dünnen Absätze von Stöckelschuhen üben einen großen Druck aus.

52.6 Klingen müssen scharf geschliffen sein, um großen Druck auszuüben.

→ Arbeitsheft-Seite 28

3. In welcher Maßeinheit wird der Druck angegeben?

Die Maßeinheit für den Druck ist **1 Pascal (Pa)**. Sie ist nach dem Physiker und Mathematiker **Blaise Pascal** (1623–1662, → Seite 8) benannt.
Der Druck von **1 Pa** wirkt, wenn die Kraft von **1 N** im rechten Winkel auf **1 m²** Fläche drückt (Abb. 53.1). Da dieser Druck sehr gering ist, werden meist die folgenden Einheiten verwendet:

1 **Hektopascal** (hPa) = 100 Pa = 0,001 bar = 100 $\frac{N}{m^2}$

1 **Kilopascal** (kPa) = 1 000 Pa = 0,01 bar = 1 000 $\frac{N}{m^2}$

1 **Bar*** (bar) = 100 000 Pa = 1 000 hPa = 100 kPa = 100 000 $\frac{N}{m^2}$ oder 10 $\frac{N}{cm^2}$

1 **Millibar** (mbar) = 0,001 bar = 100 Pa = 1 **Hektopascal** (hPa)
* Bar von gr. *barýs* … schwer

> **M** Die Maßeinheit für den Druck ist 1 **Pascal (Pa)**.
> 1 Pa wirkt, wenn eine Druckkraft von 1 N im rechten Winkel auf eine Fläche von 1 m² drückt.
> 1 bar = 100 000 Pa = 10 N auf 1 cm²

4. Wie wird der Druck berechnet?

Die Größe des Drucks erfährst du, wenn du die **Druckkraft auf die Fläche aufteilst** (dividierst).
Bei einem Gewicht von 400 N und der Standfläche deiner Füße von 200 cm² = 0,02 m² übst du einen Druck von 400 : 0,02 Pa = 20 000 Pa aus. Das sind 0,2 bar.

> **M** Die Formel zur Berechnung des Drucks lautet:
> Druck = Druckkraft durch Fläche
> $\quad$ **p** $\quad$ = $\quad$ **F** $\quad$: $\quad$ **A**
> *p* für engl. *pressure* … Druck; *F* für engl. *force* … Kraft;
> *A* für engl. *area* … Fläche

> **V3** **Druck in vielen Lagen (Abb. 53.5)** E1, E4
>
> Ermittle zunächst dein Gewicht in N.
>
> Stelle dich auf eine Bahn Packpapier und lass deine Standfläche mit einem Stift umranden. Ermittle (evtl. mit Millimeterpapier) die Standfläche. Probiere unterschiedliche Stand- und Liegeflächen aus.
>
> Berechne mit *p = F : A* deinen Druck in Pa und rechne in bar um (: 100 000).

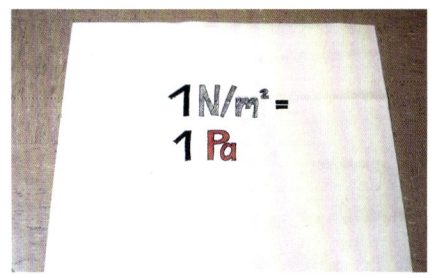

53.1 1 m² Packpapier mit dem Gewicht von ca. 1 N drückt mit ca. 1 Pa zu Boden.

53.2 Druckangabe in kPa beim Vorderreifen eines LKW (900 kPa = 900 000 Pa = 9 bar)

> **Infobox:**
> 1 $\frac{N}{m^2}$ = 1 Pa
>
> 1 bar = 100 000 Pa

42 kg entsprechen ca. 420 N Gewicht

Fläche: ca. 4 dm² = 0,04 m²

Berechnung des Drucks
p = F : A $\quad$ =
$\quad$ = 420 : 0,04 Pa =
$\quad$ = 10 500 Pa = 10,5 kPa = 0,105 bar

53.5 Druck in vielen Lagen

53.3 10 N wirken auf 1 cm² Fläche:
Druck = 10 $\frac{N}{cm^2}$ = 1 bar

53.4 10 N wirken auf 100 cm² Fläche:
Druck = 0,1 $\frac{N}{cm^2}$ = 0,01 bar = 10 hPa

Die Druckübertragung in Flüssigkeiten

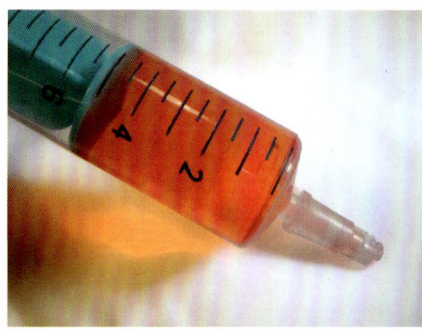

54.1 Nicht zu drücken!

1. Warum werden eingeschlossene Flüssigkeiten zur Druckübertragung verwendet?

V1 Nicht zu drücken! (Abb. 54.1)   E1

Fülle eine Injektionsspritze mit Wasser und verschließe die Öffnung. Drücke dann fest auf den Spritzenkolben. Er lässt sich nicht mehr hineindrücken.

Flüssigkeiten kann man kaum zusammendrücken, da ihre **kleinsten Teilchen eng beieinander** liegen und man ihren Abstand zueinander nicht verringern kann.

V2 Nicht nur geradeaus! (Abb. 54.2)   E1

Bohre mit einem heißen Nagel in den vorderen Teil des Spritzenkörpers einer 10-ml-Injektionsspritze ein seitliches Loch (1–2 mm Durchmesser). Fülle die Spritze mit Wasser und drücke auf den Kolben. Das Wasser spritzt mit gleicher Kraft an beiden Spritzenöffnungen heraus.

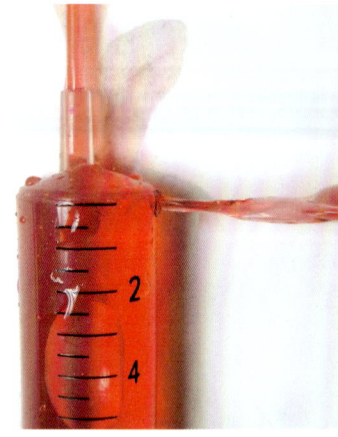

54.2 Nicht nur geradeaus!

V3 Aus jedem Loch (Abb. 54.3)   E1

Bohre an allen Seiten einer weichen Kunststoffflasche Löcher von etwa 1 mm Durchmesser. Fülle die Flasche mit Wasser, verschließe sie und drücke fest darauf. Das Wasser spritzt nach allen Seiten aus den Löchern.

Übst du Druck auf einen Feststoff aus, wird dieser Druck hauptsächlich in die Richtung der Druckkraft weitergegeben. Die **kleinsten Teilchen** einer Flüssigkeit sind aber **beweglich** und **leicht verschiebbar**. Sie geben daher den auf sie wirkenden Druck nach allen Seiten mit der gleichen Stärke weiter (Abb. 54.4).

M **Flüssigkeiten** lassen sich kaum zusammendrücken. Sie geben den **Druck nach allen Richtungen gleich stark** weiter, da ihre Teilchen eng beieinander liegen und leicht verschiebbar sind.

54.3 Aus jedem Loch

V4 Druck im Schlauch (Abb. 54.6)   E1

Setze an eine mit Wasser gefüllte Spritze (20 ml) ein Schlauchstück an. Drücke das Wasser durch den Schlauch, bis er gefüllt ist. Stecke dann an das Schlauchende eine zweite 20-ml-Spritze.
Nun kannst du den Druck, den du auf einen Spritzenkolben ausübst, auf den anderen Spritzenkolben übertragen.

M Ein Druck kann mithilfe von Flüssigkeiten **über Rohrleitungen** weitergegeben werden.

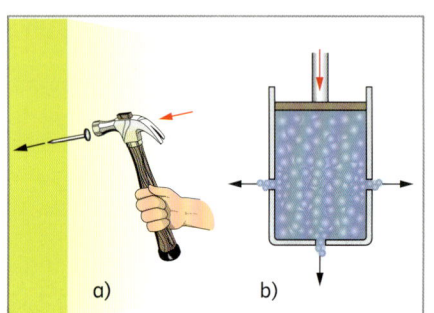

54.4 Feststoffe übertragen Druck in eine, Flüssigkeiten in alle Richtungen.

54.5 Beim Rasensprenger tritt das Wasser mit gleichem Druck an allen Öffnungen aus.

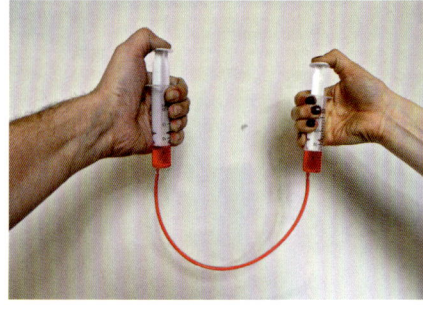

54.6 Druck im Schlauch

2. Wie gewinnt man bei hydraulischen Anlagen Druckkraft?

V5 **Bis zur Decke ... (Abb. 55.1)** E1

Fülle eine leere Spülmittelflasche ohne Verschluss mit Wasser und drücke fest auf die Flasche. Merke dir, wie hoch das Wasser spritzt.
Fülle die Flasche abermals, setze den Verschluss mit der kleinen Öffnung auf und drücke noch einmal. Das Wasser spritzt nun bis zur Zimmerdecke!
Bei kleiner Öffnung (kleiner Fläche) spritzt das Wasser mit größerem Druck.

Du erzielst bei gleichem Kraftaufwand einen **größeren Druck**, wenn Wasser aus einer **kleinen Öffnung** spritzt.

55.1 Bis zur Decke ...

V6 **Wer stärker drückt ... (Abb. 55.2)** E1

Ersetze eine Spritze der Versuchsanordnung von V4 durch eine kleinere Spritze (zB 2 ml). Lass eine Mitschülerin oder einen Mitschüler auf die große Spritze drücken. Du selbst drückst auf die kleinere.
Ohne Probleme kannst du den Spritzenkolben deiner Partnerin/deines Partners hochdrücken, auch wenn diese/dieser sich mit aller Kraft bemüht, dir entgegenzuwirken.

Du erzielst einen **Kraftgewinn**. Weil du auf den **Kolben mit kleiner Fläche** (Druck-kolben) drückst, bewirkst du einen **großen Druck** in der Flüssigkeit. Die Flüssig-keit gibt den Druck auf den **Kolben mit großer Fläche** (Arbeitskolben) weiter und bewirkt auf diesem eine **große Druckkraft**.

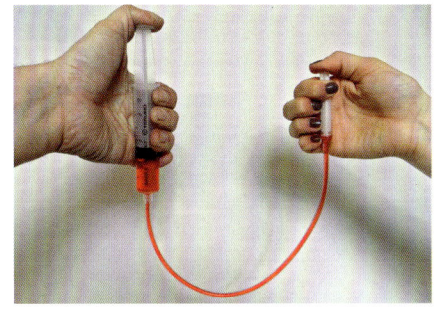

55.2 Wer stärker drückt ...

Beispiel (Abb. 55.3): Wird eine Druckkraft von 1 N von einem Kolben mit 5 cm² Fläche auf einen Arbeitskolben mit 10 cm² Fläche übertragen, verdoppelt sich die gesamte Druckkraft auf den Arbeitskolben.

Druck am Druckkolben = Druck am Arbeitskolben

$$F_1 \quad : \quad A_1 \quad = \quad F_2 \quad : \quad A_2$$
$$1\,N \quad : \quad 5\,cm^2 \quad = \quad 2\,N \quad : \quad 10\,cm^2$$
$$0{,}2\,\frac{N}{cm^2} \quad = \quad 0{,}2\,\frac{N}{cm^2}$$
$$2\,000\,Pa \quad = \quad 2\,000\,Pa$$
$$0{,}02\,bar\,(p_1) \quad = \quad 0{,}02\,bar\,(p_2)$$

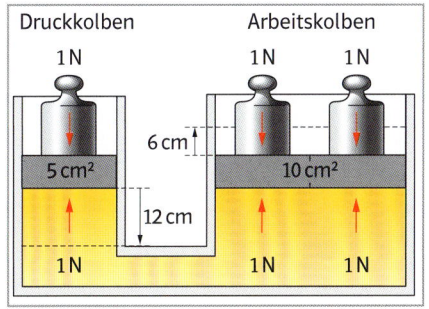

55.3 Vergleich von Kräften und Wegen bei einer hydraulischen Anlage

Geräte, die einen Druck mithilfe von Flüssigkeiten übertragen, heißen **hydrauli-sche Anlagen**. Sie werden für Hebevorrichtungen bei Baggern, bei Bremsen oder Wagenhebern verwendet (Abb. 55.4 bis 55.6).

M Bei **hydraulischen Anlagen** wird ein Kraftgewinn erzielt, da eine kleine Druckkraft auf dem kleinen Druckkolben eine große Druckkraft auf dem großen Arbeitskolben bewirkt.

Infobox:
Hydraulische Anlagen:
kleine Kraft auf kleinem Kolben bewirkt große Kraft auf großem Kolben

55.4 Hydraulische Hebevorrichtung eines Baggers

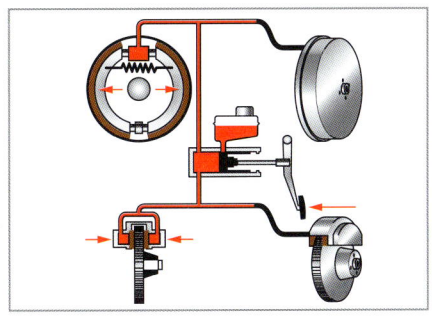

55.5 Schema einer hydraulischen Bremse beim Auto („Fußbremse")

55.6 Hydraulischer Wagenheber

Der hydrostatische Druck

56.1 Beim Tauchen spürt man den Gewichts-druck des Wassers.

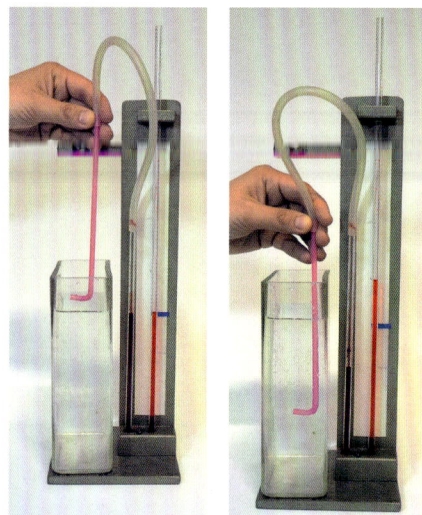

56.2 Druck im Wasser

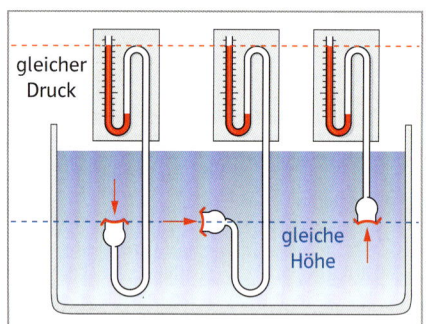

56.3 Der Gewichtsdruck wirkt durch die beweglichen Wasserteilchen in gleicher Höhe nach allen Seiten gleich stark.

1. Wie entsteht der hydrostatische Druck?

Beim Tauchen in einem ruhenden Gewässer (See, Meer …) wirst du schon bemerkt haben, dass du einen Druck in den Ohren spürst. Deine Ohren können sogar schmerzen, wenn du versuchst, tief zu tauchen.
Diesen Druck wollen wir uns etwas näher anschauen.

V1 Druck im Wasser (Abb. 56.2)   E1

Stecke einen Schlauch an ein U-Rohr, das mit gefärbtem Wasser gefüllt ist. Stecke an das andere Schlauchende einen Trinkhalm mit (kurzem) Knick und tauche ihn in ein Gefäß mit Wasser. Das Wasser im U-Rohr wird durch den Druck im Wasser hochgedrückt. Verbiegst du den Trinkhalm, sodass seine Öffnung nach oben oder seitlich gerichtet ist, wirkt der Druck ebenfalls.

Da jedes Flüssigkeitsteilchen ein Gewicht hat und in der Flüssigkeit beweglich ist, entsteht in einer Flüssigkeit ein **Gewichtsdruck.** Dieser wirkt nach allen Seiten (Abb. 56.3). Dieser **Druck in ruhenden Gewässern** heißt **hydrostatischer Druck.**

M Der **hydrostatische Druck** (Gewichtsdruck) entsteht in ruhenden Flüssigkeiten durch das Gewicht der Flüssigkeitsteilchen. Er drückt nach unten, nach den Seiten und nach oben.

2. Wovon hängt der Gewichtsdruck einer Flüssigkeit ab?

V2 Löcher in der Packung (Abb. 56.5)   E1

Bohre Löcher in unterschiedlicher Höhe in eine Saftpackung und fülle diese mit Wasser. Beobachte, wie weit das Wasser aus den Löchern spritzt.

Bei V2 kannst du erkennen, dass das Wasser umso weiter aus den Löchern spritzt, je tiefer sie liegen. Bei V1 steigt die Wassersäule im U-Rohr umso höher, je tiefer du den Trinkhalm eintauchst.

V3 Was stärker drückt … (Abb. 56.6)   E1

Halte an die Unterseite eines breiten Glasrohres eine dünne Glas- oder Blechplatte. Tauche das Glasrohr mit der Platte in ein Wassergefäß. Der Gewichtsdruck drückt die Platte an das Rohr.
Füllst du Wasser in das Rohr, löst sich die Platte erst, wenn die Füllung den Wasserspiegel erreicht. Verwendest du zB Salzwasser zum Füllen, passiert dies schon eher, da die Dichte des Salzwassers größer ist.

56.4 Eine Staumauer muss dem Druck des Wassers standhalten können.

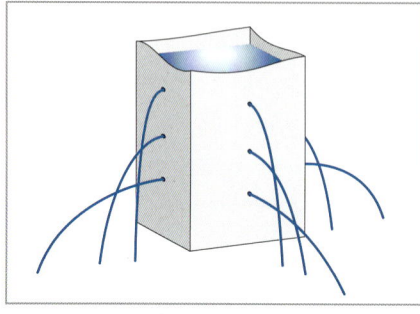

56.5 Löcher in der Packung

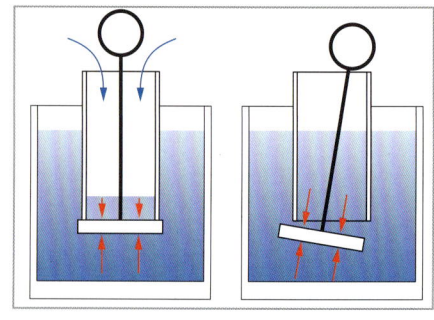

56.6 Was stärker drückt …

➔ Arbeitsheft-Seite 30–31

Der Gewichtsdruck in Flüssigkeiten hängt nur davon ab, wie tief man sich befindet und wie groß die Dichte der Flüssigkeit ist. Er ist unabhängig von der Form des Gefäßes und der Menge des Wassers im Gefäß.

Mit jedem Meter Tiefe steigt der Druck im Wasser (Süßwasser) um 0,1 bar. Über einer Fläche von 1 m² in 1 m Tiefe lastet eine (gedachte) Wassersäule von 1 m³, die eine Masse von 1000 kg besitzt: 10 000 N auf 10 000 cm² haben einen Druck von 0,1 bar (Abb. 57.1).

> **M** Der Druck in Flüssigkeiten ist umso **stärker**, **je tiefer** man sich befindet und **je größer die Dichte** der Flüssigkeit ist.

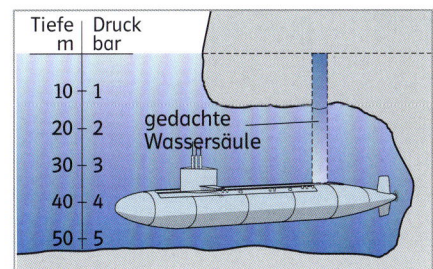

57.1 Der Druck im Wasser steigt mit jedem Meter Tiefe um 0,1 bar.

3. Wie verhalten sich Flüssigkeiten in verbundenen („kommunizierenden") Gefäßen?

V4 Die Schlauchwaage (Abb. 57.2) E1

Setze einen Glastrichter und ein Glasrohr an ein längeres Schlauchstück. Fülle diese Anordnung mit gefärbtem Wasser. Hebe und senke das Rohr.

Sind Wassergefäße miteinander verbunden, befindet sich der Flüssigkeitsspiegel in den Gefäßen immer in **gleicher waagrechter Höhe**.
Du kannst mit der Schlauchwaage aus V4 auch überprüfen, ob die Tafel im Physiksaal oder in der Klasse genau waagrecht montiert ist.

Verbundene Gefäße kannst du zB bei **Gießkannen** erkennen.
Bei Waschbecken und Toiletten gibt es am Abfluss angeschlossene **Geruchsverschlüsse** (Siphone). Das Spülwasser bleibt darin stehen und der Weg zum Kanal ist dadurch versperrt (Abb. 57.3 und 57.6).

Schleusenanlagen in Flüssen dienen Schiffen zum Überwinden von Höhenunterschieden. Auch sie nutzen das Prinzip der verbundenen Gefäße (Abb. 57.4).

V5 Der Springbrunnen (Abb. 57.5) E1

Setze einen Schlauch mit einer Glasdüse an eine abgeschnittene PET-Flasche. Fülle die Flasche voll mit Wasser. Senkst du die Düse unter den Wasserspiegel in der Flasche, spritzt es aus der Düse. Es erreicht durch die Reibung an den Gefäßwänden und an der Luft allerdings nicht die Höhe des Wasserspiegels.

> **M** In **verbundenen Gefäßen** liegt der Flüssigkeitsspiegel immer in einer waagrechten Ebene.

Infobox:

In **einem Meter** Tiefe drückt …
… auf eine Handfläche (≈ 1 dm²)
eine Druckkraft von 100 N,
… auf eine Autotür (≈ 1 m²)
eine Druckkraft von 10 000 N.

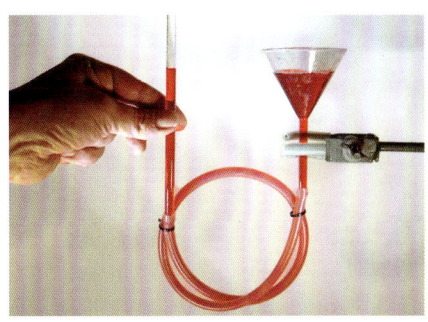

57.2 Die Schlauchwaage

57.3 Geruchsverschluss bei einem Waschbecken

57.4 Eine Schleusenanlage in Strasbourg

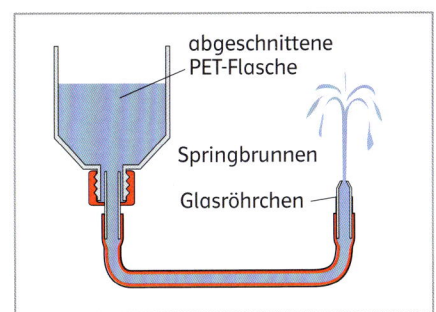

57.5 Der Springbrunnen

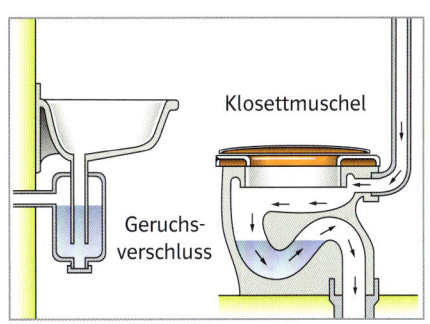

57.6 So funktionieren Geruchsverschlüsse.

58.1 Die Blumentopfwaage

58.2 Ein Stein ist unter Wasser scheinbar leichter.

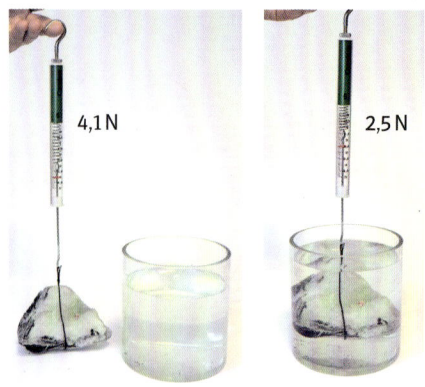

58.3 Auftriebsmessung

1. Wieso verliert ein Körper im Wasser scheinbar an Gewicht?

V1 Die Blumentopfwaage (Abb. 58.1) E1

Hänge zwei gleiche Blumentöpfe an die Enden eines beweglichen Balkens, sodass der Balken waagrecht steht. Tauche einen Topf in ein Gefäß mit Wasser. Kaum ist der eine Topf etwas im Wasser, scheint er leichter zu werden.

Auf einen ins Wasser getauchten Körper wirkt eine Kraft, die der Gewichtskraft des Körpers entgegengerichtet ist. Sie verursacht den scheinbaren Gewichtsverlust des Körpers und wird **Auftriebskraft** oder kurz **Auftrieb** genannt. Der Gewichtsverlust ist scheinbar, weil sich an der Anziehungskraft zwischen dem Körper und der Erde nichts ändert.

V2 Auftriebsmessung (Abb. 58.3) E1

Miss das Gewicht eines Steins mit einem Kraftmesser. Tauche den Stein dann vollständig in ein Glas mit Wasser. Unabhängig von der Eintauchtiefe zeigt der Kraftmesser nun ein geringeres Gewicht an.
Der Unterschied zwischen dem Gewicht an der Luft und dem Gewicht in Wasser ist der Auftrieb.

Auf einen untergetauchten Körper wirkt von allen Seiten ein **Wasserdruck**. Die Seitenkräfte sind in gleicher Höhe gleich groß und heben einander auf. Der **Druck von oben** auf den Körper ist **geringer** als von unten. Daher bleibt eine nach oben gerichtete Restkraft, der Auftrieb, übrig (Abb. 58.4).

> **M** Auf einen in eine Flüssigkeit eingetauchten Körper wirkt eine **Auftriebskraft**, die dem Gewicht des Körpers entgegenwirkt.
> Sie entsteht dadurch, dass auf den Körper von unten eine größere Druckkraft wirkt als von oben.

2. Wovon hängt die Größe der Auftriebskraft in einer Flüssigkeit ab?

V3 Ball unter! (Abb. 58.5 und 58.6) E1

Tauche (luftgefüllte) Bälle verschiedener Größe in einer mit Wasser gefüllten Wanne (oder in einem Kübel) ganz unter. Je größer der Ball ist, desto schwerer ist es, ihn ganz unterzutauchen.

Je mehr **Volumen** ein Körper hat, desto größer ist seine Auftriebskraft.

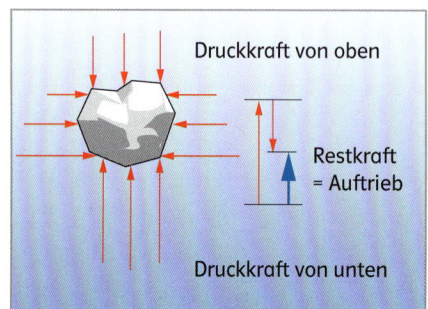

58.4 Die Entstehung des Auftriebs

58.5 Ball unter! Ein kleiner Ball lässt sich leichter unter Wasser halten …

58.6 … als ein großer Ball.

→ Arbeitsheft-Seite 32–33

V4 Eine schwere Flüssigkeit (Abb. 59.1 und 59.2) E1, E4

 a) Miss den Auftrieb eines Steins wie bei V2. Tauche den Stein dann in ein
     Glas mit konzentriertem Salzwasser ein. Der Auftrieb ist nun größer.
 b) Vergleiche die Massen von 1 Liter Wasser und 1 Liter Salzwasser.
     Salzwasser hat eine größere Dichte als Wasser.

Der Auftrieb eines Körpers ist auch abhängig von der Art der Flüssigkeit, in die er
eintaucht.
In Flüssigkeiten mit einer geringeren **Dichte** als Wasser (< $1\frac{g}{cm^3}$, wie Spiritus,
Benzin, Speiseöl …) ist der Auftrieb geringer. Flüssigkeiten mit höherer Dichte
(> $1\frac{g}{cm^3}$, wie Salzwasser, Zuckerwasser) erzeugen einen höheren Auftrieb. Deshalb
schwimmt man im Meer etwas leichter als im Süßwasser eines Sees (Abb. 59.3).

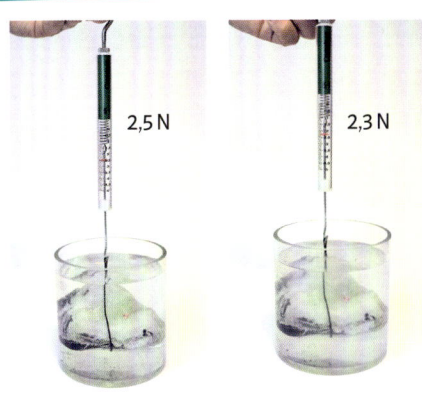

59.1 Eine schwere Flüssigkeit (a)

> **M** Der Auftrieb ist umso größer, je größer das **Volumen des Körpers** und
> je größer die **Dichte der Flüssigkeit** ist.

3. Welches Gesetz gilt für die Auftriebskraft in einer Flüssigkeit?

V5 Das verdrängte Wasser (Abb. 59.4) E1

 Hänge eine leere Dose an eine Balkenwaage und befestige darunter einen
 Gegenstand. Bring die Waage ins Gleichgewicht und tauche den Gegen-
 stand in ein vollgefülltes Überlaufgefäß. Das Wasser rinnt aus und die
 Waage neigt sich. Füllst du das übergelaufene Wasser in die Dose, ist die
 Waage wieder ausgeglichen.

59.2 Eine schwere Flüssigkeit (b)

Der Auftrieb des Körpers ist genauso groß wie das Gewicht des Wassers, das er
verdrängt. Dieses Prinzip wird nach **Archimedes** (ca. 287–212 v. Chr., → Seite 8)
archimedisches Prinzip genannt.

59.3 Im Toten Meer hat man durch den hohen Salzgehalt einen großen Auftrieb.

> **M** Das **archimedische Prinzip** des Auftriebs:
> Der Auftrieb eines Körpers ist so groß wie das Gewicht der von ihm
> verdrängten Flüssigkeit.

V6 König Hierons Krone (Abb. 59.5) E1

 Archimedes sollte einmal herausfinden, ob die neu gefertigte Krone seines
 Königs Hieron tatsächlich aus reinem Gold war. Er durfte sie dabei nicht
 zerstören. Der Einfall für die Lösung dieser Aufgabe kam ihm, als seine
 Badewanne beim Baden auslief.
 Genau wie sein Körper müsste die Krone Wasser verdrängen. Gold mit einer
 Dichte von 19,3 $\frac{g}{cm^3}$ würde weniger Wasser verdrängen als eine Gold-
 mischung aus billigerem Material (und geringerer Dichte).
 Hoch erfreut lief er nackt durch die Straßen von Syrakus und rief „Heureka!"
 („Ich hab's gefunden!").

 Nun der Versuch:
 Hänge einen „Goldklumpen" und eine „Krone" mit gleichem Gewicht, aber
 größerem Volumen an eine Balkenwaage. Tauchst du beide Körper ins
 Wasser, hat die „Krone" mehr Auftrieb als der „Goldklumpen", da sie durch
 ihr größeres Volumen mehr Wasser verdrängt.

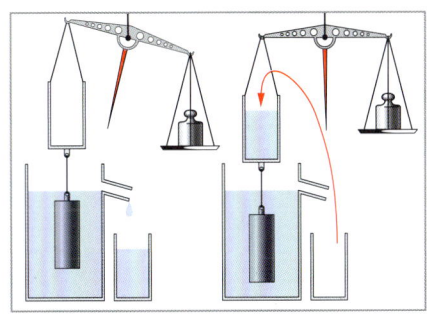

59.4 Das verdrängte Wasser

59.5 König Hierons Krone

60.1 Schwimmt nicht überall!

1. Warum sinken, schweben oder schwimmen Körper in Flüssigkeiten?

V1 Schwimmt nicht überall! (Abb. 60.1)   E1

Fülle ein Glas mit Wasser und eines mit Spiritus. Gib je eine Kerze in die Flüssigkeiten und beobachte. Im Wasser schwimmt die Kerze. Im Spiritus sinkt sie zu Boden.

Taucht ein Körper in eine Flüssigkeit ein, wirkt der Auftrieb dem Gewicht des Körpers entgegen. Ist das Gewicht größer als der Auftrieb, sinkt der Körper. Ist das Gewicht geringer, steigt der Körper an die Oberfläche und schwimmt.
Je größer die Dichte der Flüssigkeit ist, desto größer ist der Auftrieb eines Körpers in dieser Flüssigkeit. Daher sinkt eine Kerze im Spiritus, schwimmt aber im Wasser.

60.2 Schichtenschwimmer

V2 Schichtenschwimmer (Abb. 60.2)   E1, E4

Fülle ein großes Glas zunächst etwa 5 10 cm hoch mit hellem Sirup oder Honig. Gieße darauf eine gleich hohe Schicht Speiseöl. Dieses schwimmt auf dem Sirup.
Nun lässt du gleich viel Wasser langsam in das Glas fließen. Es bilden sich zunächst Wassertropfen, die zwischen Sirup und Öl schwimmen. Sie vereinen sich dann zu einer einheitlichen Wasserschicht.
Probiere aus, welche Stoffe oder Körper in welcher Flüssigkeit schwimmen: Wachs, Weintraube, Gummi, Eisen, Holz, Kupfer, Tomate …

V3 Wie ein Fisch (Abb. 60.3)   E1

Fülle eine Glaspipette mit Gummihütchen mit so viel Wasser, dass sie gerade noch schwimmt. Gib sie dann in eine mit Wasser vollgefüllte PET-Flasche. Verschließe die Flasche und drücke sie.
Die Luftblase in der Pipette verkleinert sich. Das Gewicht der Pipette nimmt zu und sie beginnt zu sinken. Probiere, ob du die Pipette unter Wasser zum Schweben bringen kannst.

60.3 Wie ein Fisch

Fische steuern ihre Tauchtiefe, indem sie ihre Schwimmblase verkleinern und vergrößern. Ein Unterseeboot funktioniert ähnlich (Abb. 61.5).

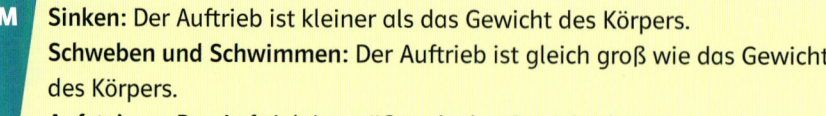

M **Sinken:** Der Auftrieb ist kleiner als das Gewicht des Körpers.
Schweben und Schwimmen: Der Auftrieb ist gleich groß wie das Gewicht des Körpers.
Aufsteigen: Der Auftrieb ist größer als das Gewicht des Körpers.

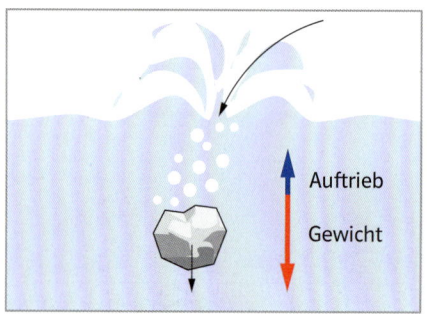

60.4 Ein Körper sinkt, wenn sein Gewicht größer als der Auftrieb ist.

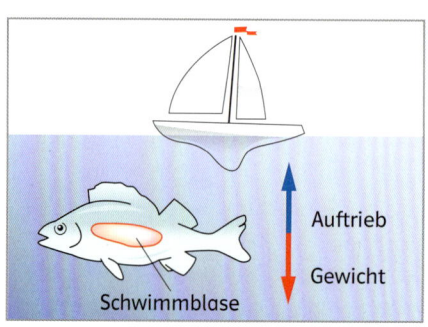

60.5 Ein Körper schwimmt oder schwebt, wenn sein Gewicht so groß wie der Auftrieb ist.

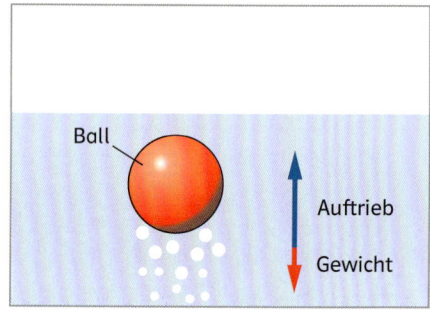

60.6 Ein Körper steigt auf, wenn sein Gewicht kleiner als der Auftrieb ist.

2. Warum taucht ein schwimmender Körper nur bis zu einer bestimmten Tiefe ein?

V4 Wie tief der Apfel sinkt (Abb. 61.1) E1

Wäge zuerst den Apfel ab.
Stelle eine Schale und ein bis zum Überlaufen vollgefülltes Gefäß auf eine digitale Küchenwaage. Stelle ihre Anzeige auf 0 g („Tara").

Gibst du einen Apfel in das Wassergefäß, zeigt die Waage die Masse des Apfels an. Das Wasser im Gefäß läuft über.
Bestimme die Masse (und das Gewicht) des übergelaufenen Wassers.

61.1 Wie tief der Apfel sinkt

Schwimmt ein Körper, taucht er nur gerade so tief ein, bis die verdrängte Flüssigkeit so schwer ist wie der Körper selbst.

Daher scheint auf ein schwimmendes Schiff kein Gewicht zu wirken (Abb. 61.2). Das ganze Schiff wiegt so viel wie das von ihm verdrängte Wasser.

> **M** Ein **schwimmender Körper** taucht gerade so tief ein, bis die verdrängte Flüssigkeit so schwer ist wie er selbst.

61.2 Auf das Boot wirkt scheinbar kein Gewicht.

3. Wie funktioniert ein Aräometer (eine Senkwaage)?

V5 Süß oder nicht? (Abb. 61.3) E1

Verschließe ein Ende eines Trinkhalms mit Knetmasse, sodass er in Wasser schwimmt. Markiere den Stand der Wasseroberfläche am Halm mit einem Lackstift.
Lässt du den Halm anschließend in Zuckerwasser schwimmen, ragt er weiter aus der Flüssigkeit heraus.

Da der Auftrieb gleich dem Gewicht der verdrängten Flüssigkeit ist (→ Seite 59), kann man aus der Eintauchtiefe eines Körpers auf die Dichte der Flüssigkeit schließen.

Entsprechende Messgeräte heißen **Senkwaagen** oder **Aräometer**. Mit ihnen bestimmt man zB die Dichte (und somit den Zuckergehalt) von Traubensaft, die Dichte (und somit den Fettgehalt) von Milch sowie die Dichte (und somit den Alkoholgehalt) von Schnäpsen (Abb. 61.6).

> **M** Ein **Aräometer** ist ein senkrecht schwimmendes Röhrchen, mit dem man aus seiner Eintauchtiefe die Dichte einer Flüssigkeit bestimmen kann.

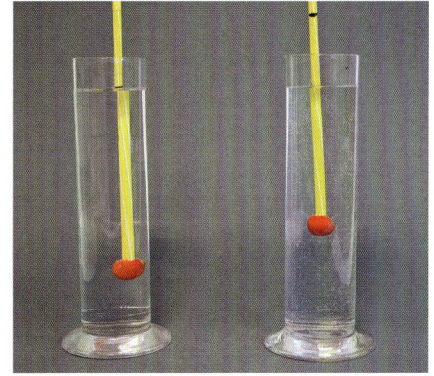

61.3 Süß oder nicht?

61.4 Fische steuern ihre Tauchtiefe mit der Schwimmblase.

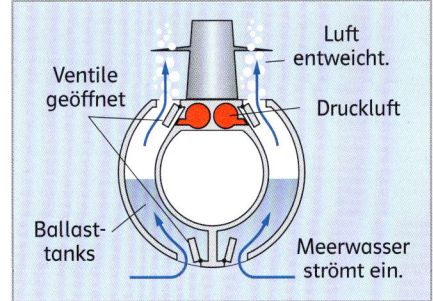

61.5 Ein U-Boot kann sinken, aufsteigen und schweben.

Ventile geöffnet
Luft entweicht.
Druckluft
Ballast-tanks
Meerwasser strömt ein.

61.6 Ein Aräometer kann den Alkoholgehalt einer Lösung anzeigen – hier 30 Vol.-%.

3 Der Luftdruck

62.1 Die Luft hält!

Infobox:
1 dm³ Luft hat eine Masse von
ca. 1,3 g, 1 m³ (1000 dm³) ca. 1,3 kg,
ein Klassenraum (ca. 100 m³)
enthält etwa 130 kg Luft!

62.2 Schnelle Teilchen drücken!

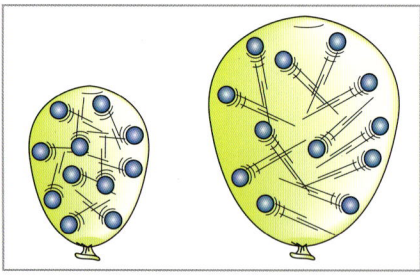

62.3 Der Luftdruck entsteht durch Stöße der
Luftteilchen.

1. Wie entsteht der Luftdruck?

V1 Die Luft hält! (Abb. 62.1)   E1

Lege ein Lineal zu $\frac{1}{3}$ über die Tischkante. Über den am Tisch liegenden Teil breitest du ein glattes Blatt einer großformatigen Tageszeitung. Streife das Papier glatt und versuche, es durch einen Schlag auf das Lineal hochzuschleudern. Ist das Lineal aus Kunststoff, wird es wahrscheinlich brechen. Knüllst du das Papier zusammen, lässt es sich leicht wegschleudern.

1 Liter Luft hat am Erdboden eine Masse von etwa **1,3 g**. Bei V1 lastet eine recht beachtliche Menge Luft auf dem Zeitungspapier!
Der Luftdruck entsteht dadurch, dass die höheren Schichten der Lufthülle (**Atmosphäre**) durch ihr **Gewicht** auf die darunter liegenden drücken.

V2 Schnelle Teilchen drücken! (Abb. 62.2)   E1

Befestige einen Luftballon luftdicht an der Öffnung einer leeren Flasche. Tauchst du die Flasche in heißes Wasser, steigt der innere Luftdruck und der Ballon „bläst" sich auf.

Die Luftteilchen bewegen sich mit großer Geschwindigkeit durch den Raum. Sie stoßen dabei ständig und in großer Zahl gegen alle Wände und üben so eine Druckkraft in alle Richtungen aus (Abb. 62.3). Bei Erhöhung der Teilchengeschwindigkeit (Erwärmen) steigt auch der Druck.

M Der **Luftdruck** entsteht durch das Gewicht der Luft und die Stöße der sich bewegenden Luftteilchen. Er wirkt nach allen Seiten.

2. Unter welchen Bedingungen zeigt sich der Luftdruck?

Beim Saugen mit einem Trinkhalm verringerst du den Luftdruck in der Mundhöhle. Der äußere Luftdruck drückt das Saftpäckchen zusammen, sodass der Saft in deinen Mund strömt (Abb. 62.4).

V3 Die Luft drückt! (Abb. 62.5)   E1

Überziehe die breite Öffnung eines Trichters mit einer Gummihaut. Beim Ansaugen verringerst du den Luftdruck im Mund und die Gummihaut wird vom äußeren Luftdruck nach innen gedrückt.

Du bemerkst die Druckkraft der Luft meist nicht, weil sie von allen Seiten gleich stark wirkt. Ist der Luftdruck auf einer Seite schwächer oder stärker, kannst du die Druckkraft der Luft erkennen (Abb. 62.6).

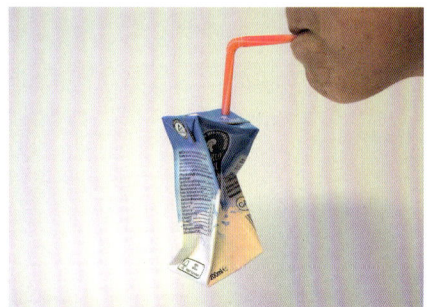

62.4 Der Saft wird durch den äußeren Luftdruck in den Mund gedrückt.

62.5 Die Luft drückt!

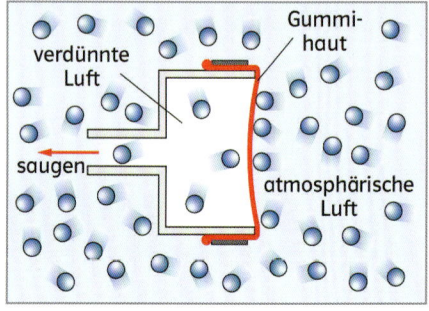

62.6 Der Luftdruck wird bemerkt, wenn er auf einer Seite stärker oder schwächer ist.

→ Arbeitsheft-Seite 36

Otto von Guericke und der „horror vacui" (Schrecken der Leere)

Zu Zeiten des Magdeburger Bürgermeisters Otto von Guericke war es undenkbar, dass es einen „leeren" Ort geben könnte. Von Guericke ließ sich dadurch nicht beirren und führte im Jahr 1654 dem Kaiser folgenden Versuch vor (Abb. 63.1): Er legte zwei hohle Halbkugeln von ca. 42 cm Durchmesser zusammen und ließ die Luft aus der entstandenen Hohlkugel pumpen. Er spannte acht Pferde an jede Seite. Diese waren nicht imstande, die Kugelhälften zu trennen. Als er die Luft wieder einließ, fielen die Halbkugeln einfach auseinander.

63.1 Die Magdeburger Halbkugeln wurden vom Luftdruck zusammengehalten.

V4 Magdeburger Haftscheiben (Abb. 63.2)   E1

Presse zwei befeuchtete Haftscheiben mit größerem Durchmesser zusammen. Versuche sie wieder auseinanderzuziehen. Kannst du gegen den äußeren Luftdruck gewinnen?

V5 Flaschenei (Abb. 63.3 und 63.6)   E1

a) Fülle eine Glasflasche mit einer Halsöffnung von ca. 4 cm mit sehr heißem Wasser. Leere sie wieder aus und setze auf die Öffnung ein abgeschältes, mittelhart gekochtes Ei. Die Flasche kühlt aus.
Der Luftdruck drückt das Ei in die Flasche.

b) Heraus bekommst du das Ei, indem du die Flasche mit der Öffnung nach unten hältst und fest zwischen Ei und Flaschenhals bläst.
Der Druck in der Flasche steigt, das Ei kann in deinen Mund rutschen.

63.2 Magdeburger Haftscheiben

M Der **äußere Luftdruck** zeigt sich nur, wenn die Druckkraft der Luft von einer Seite stärker oder schwächer wirkt.

Infobox:

Als „Vakuum" bezeichnet man einen (luft)leeren Raum. In der Technik bezeichnet man einen Luftdruck unter 300 hPa als Vakuum.

3. Wie hängen die Lage eines Ortes und der dort herrschende Luftdruck zusammen?

V6 Druck auf die Luft (Abb. 63.4)   E1

Fülle eine 10-ml-Injektionsspritze mit 5 ml Luft und verschließe sie. Im Gegensatz zu Flüssigkeiten kannst du Luft (und alle anderen Gase) zusammendrücken und auseinanderziehen.

Die kleinsten Teilchen der Luft können sich frei bewegen. Sie haben einen Abstand zueinander, weshalb sich Luft zusammendrücken lässt. Auf der Luft in Erdnähe lastet das Gewicht der darüber liegenden Luft. Sie wird dadurch stärker zusammengedrückt und enthält mehr Luftteilchen pro m³ als in einer Höhe von 1000 m (Abb. 63.5).

M **Je höher ein Ort** auf der Erde liegt, desto geringer ist der Luftdruck.

63.3 Flaschenei (a)

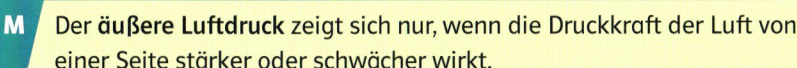

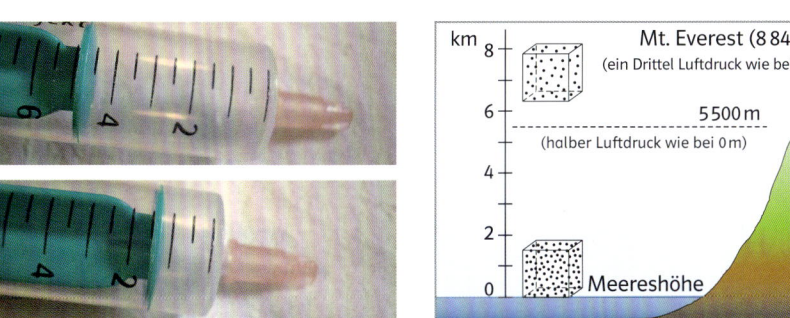

63.4 Druck auf die Luft

63.5 Der Luftdruck nimmt mit der Höhe ab.

km
8 Mt. Everest (8 848 m)
(ein Drittel Luftdruck wie bei 0 m)
6 5 500 m
(halber Luftdruck wie bei 0 m)
4
2
0 Meereshöhe

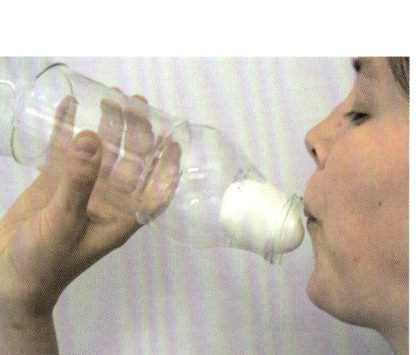

63.6 Flaschenei (b)

Die Messung des Luftdrucks

64.1 Wasser im verkehrten Glas

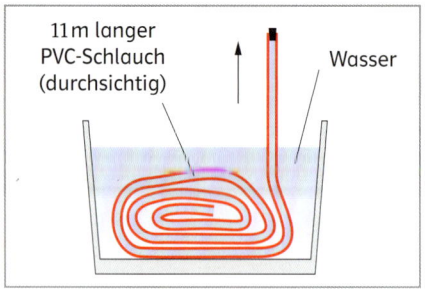

11 m langer
PVC-Schlauch
(durchsichtig)

Wasser

64.2 Wasser im Schlauch

Infobox:
Der Luftdruck (ca. 1 bar) kann eine Wassersäule von etwa 10 m Höhe halten.

64.3 Evangelista Torricelli erfand das Quecksilberbarometer und erzeugte dabei erstmals ein Vakuum.

1. Was fand Evangelista Torricelli über die Größe des Luftdrucks heraus?

V1 Wasser im verkehrten Glas (Abb. 64.1)   E1

Fülle ein Glas mit glattem Rand voll mit Wasser. Lege eine Ansichtskarte darauf, halte diese und drehe das Glas um. Die Karte hält am Glas. Das Wasser fließt nicht aus.

Im Versuch V1 kannst du erkennen, dass der äußere Luftdruck so stark ist, dass er das Wasser im Glas halten kann. Doch wie hoch kann die Wassersäule sein, dass der Luftdruck sie halten kann?

V2 Wasser im Schlauch (Abb. 64.2)   E1

Fülle einen etwa 11 m langen durchsichtigen Schlauch mit Wasser und lege ihn in eine Wasserwanne. Verschließe ein Ende mit einem Stopfen. Ziehe das verschlossene Ende im Stiegenhaus hinauf. Das andere Ende soll in der Wanne bleiben. Ab etwa 10 m Höhe wird die Wassersäule nicht mehr vom Luftdruck gehalten. Das überschüssige Wasser strömt in die Wanne zurück, im Schlauch darüber ist ein luftleerer Raum.

Der italienische Physiker **Evangelista Torricelli** (1608–1647, Abb. 64.3) führte einen ähnlichen Versuch durch. Er verwendete allerdings Quecksilber statt Wasser. Bei normalem Luftdruck bleibt die Quecksilbersäule im verschlossenen Teil eines U-Rohres etwa 760 mm hoch stehen. Daraus entwickelte er das Quecksilberbarometer (Abb. 64.4 und 64.5).
Torricelli gilt auch als Entdecker des **Vakuums**, des luftleeren Raumes. Dieses wurde allerdings in der damaligen Zeit heftigst angezweifelt. Man meinte, ein Vakuum sei allenfalls in Torricellis Kopf anzutreffen.

M **Torricelli** fand heraus, dass der einseitig wirkende Luftdruck in Meereshöhe eine 760 mm hohe Quecksilbersäule im Gleichgewicht halten kann.

2. Wie stark ist der Luftdruck in Meereshöhe?

Der Luftdruck kann eine Quecksilbersäule von 76 cm Höhe oder eine Wassersäule von etwa 10 m Höhe halten.
Hat die Wassersäule eine Grundfläche von 1 cm², ergibt dies eine Masse von etwa 1 kg und eine Gewichtskraft von etwa 10 N.
Daher drückt die Luft mit einer Kraft von etwa 10 N pro cm² = 1 bar oder 1000 hPa.

64.4 Skala eines alten Quecksilberbarometers

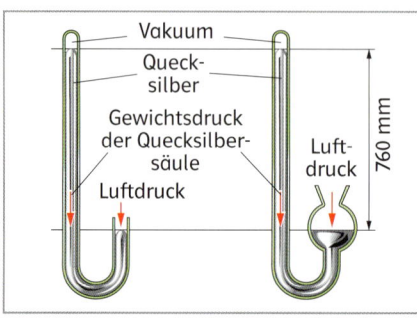

64.5 Zwei Arten von Quecksilberbarometern: Heber- und Birnbarometer

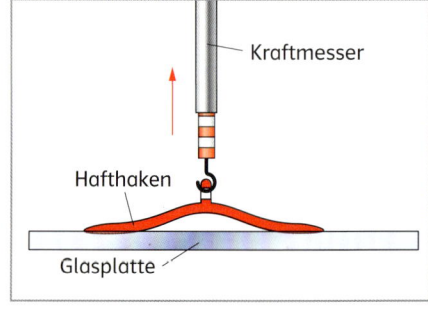

64.6 Ein starker Saugnapf

➔ Arbeitsheft-Seite 37

V3 Ein starker Saugnapf (Abb. 64.6) E1

Befeuchte einen Hafthaken und presse ihn auf eine glatte Fläche. Ziehe ihn mit einem Kraftmesser von der Fläche weg und miss die Druckkraft der Luft.

M In Meereshöhe herrscht ein Luftdruck von etwa 1000 hPa (mbar).
Der **Normalwert des Luftdrucks** beträgt – in Meereshöhe und bei einer Temperatur von 15 °C – **1013 hPa** (mbar).
Das entspricht etwa einer Druckkraft von 10 N auf jeden cm².

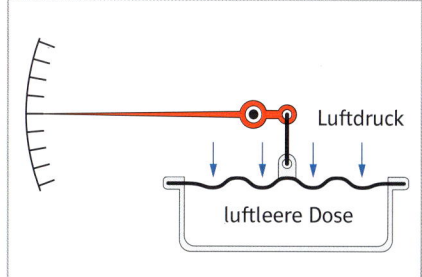

65.1 Dosenbarometer

3. Wie funktioniert ein Barometer?

Ein **Barometer** ist ein Gerät zur Messung des Luftdrucks. Das Quecksilberbarometer Torricellis wird aufgrund der Giftigkeit der Quecksilberdämpfe heute nicht mehr verwendet.

Die sogenannten **Dosenbarometer** (Abb. 65.1 und Abb. 65.2) enthalten eine Metalldose mit luftverdünntem Raum. Bei Luftdruckänderungen wird der gewellte Dosendeckel stärker oder schwächer eingedrückt. Diese Bewegungen werden durch ein Hebelwerk verstärkt und auf einen Zeiger übertragen.

M Die Messgeräte für den Luftdruck heißen **Barometer**. Ihre Skalen werden in „mm Quecksilbersäule" (mm Hg), Millibar (mbar) und Hektopascal (hPa) angegeben.

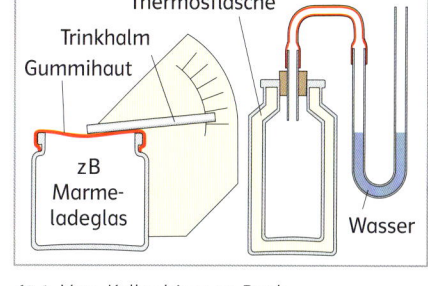

65.2 Funktion eines Dosenbarometers

4. Wie ändert sich der Luftdruck mit der Höhe?

V4 Vom Keller bis zum Dach (Abb. 65.3) E1

Baue Geräte wie in Abb. 65.3 und vergleiche damit den Luftdruck im Keller und im letzten Stockwerk eurer Schule oder eures Hauses.

Der Luftdruck nimmt mit zunehmender Höhe ab (Abb. 65.6). Am Gipfel des Großglockners (3798 m) beträgt er ca. 620 hPa, am Gipfel des Mt. Everest (8848 m) nur noch ca. 325 hPa und in etwa 50 km Höhe nur noch 1 hPa.
Je tiefer du dich auf der Erde befindest, desto mehr Luft lastet über dir. Die oberen Luftschichten drücken die unteren zusammen. Daher herrscht im Keller eines Hauses ein größerer Luftdruck als im letzten Stockwerk.

M Der Luftdruck nimmt mit zunehmender Höhe ab.
Bis etwa 1000 m Höhe gilt: Pro 10 m Höhenunterschied ändert sich der Luftdruck um etwa 1 hPa.

65.3 Vom Keller bis zum Dach

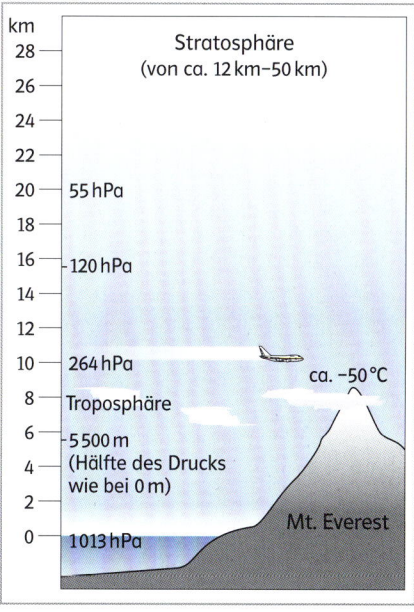

65.4 Ein Blick auf die Lufthülle der Erde

65.5 Die Raumstation ISS befindet sich etwa 400 km hoch in der Exosphäre.

65.6 Der Luftdruck nimmt mit zunehmender Höhe ab.

Wir nutzen und messen Luftdruckunterschiede

Wir nutzen im täglichen Gebrauch häufig die Kraft des Luftdrucks. ZB hilft uns der Luftdruck beim Atmen. Dadurch, dass die Brustmuskulatur den Brustkorb dehnt, wird Luft in unsere Lungen gedrückt. Die folgenden Beispiele erklären dir einige Anwendungen des Luftdrucks.

1. Lebensmittelverpackungen

66.1 Intakte Konservendosen sind oben und unten nach innen gewölbt.

66.2 Vakuumverpackung

Lebensmittel werden haltbar gemacht, indem man die Luft durch Erhitzen oder Absaugen aus der Verpackung entfernt.

V1 Das Einmachglas   E1

Gib in ein Einmachglas etwa 1 cm hoch Wasser. Setze eine brennende Kerze hinein und verschließe das Glas mit Gummidichtung und Deckel. Nach dem Erlöschen der Kerze hält der Deckel durch den Luftdruck auf dem Glas.

2. Vom Atmen

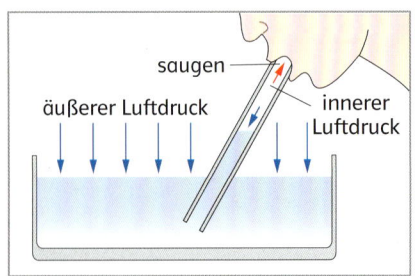

66.3 Beim Saugen verdünnst du die Luft. Der Luftdruck drückt zB die Flüssigkeit in deinen Mund.

V2 Blas das Wasser!   E1

Prüfe mit dieser Anordnung, welchen Überdruck du mit deiner Lunge erzeugen kannst.
1 m Wassersäule entspricht 0,1 bar.

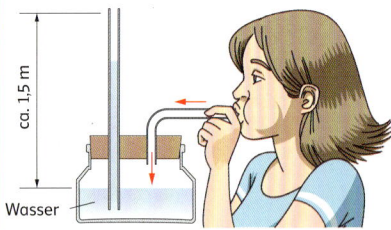

V3 Saug das Wasser!   E1

Nimm einen langen dünnen Schlauch (ca. 2–4 m) und versuche, Wasser hochzusaugen.
Markiere zuvor den Schlauch in Meterabständen.

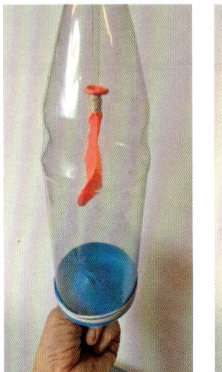

66.4 Ein Lungenmodell – zieht man an der unteren Gummihaut (Zwerchfell), so füllt sich der Ballon (Lunge) mit Luft.

66.5 Saugheber zum Entnehmen einer bestimmten Flüssigkeitsmenge

➜ Arbeitsheft-Seite 38–39

3. Ein Messgerät für den Druck in Flüssigkeiten und Gasen – das Manometer

Mit Röhrenfedermanometern misst man zB den Überdruck in Autoreifen, Gasflaschen und Pumpen. Im Manometer wird durch den Überdruck eine gekrümmte Röhre mehr oder weniger gestreckt.

67.1 Manometer einer Pumpanlage

67.2 Manometer zeigen den Druck in Gasflaschen an.

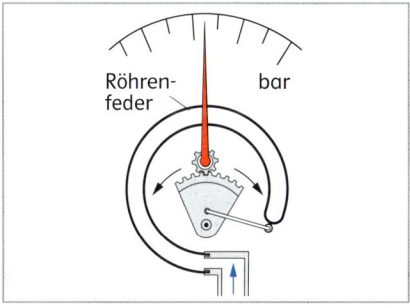

67.3 Funktion eines Röhrenfeder-manometers

4. Pumpen und Spritzen

Pumpen erzeugen einen Unterdruck, um Flüssigkeiten zu heben oder Luft anzusaugen. Ventile lassen dabei die Luft oder die Flüssigkeit nur in eine Richtung fließen.

67.4 Schwengelpumpe

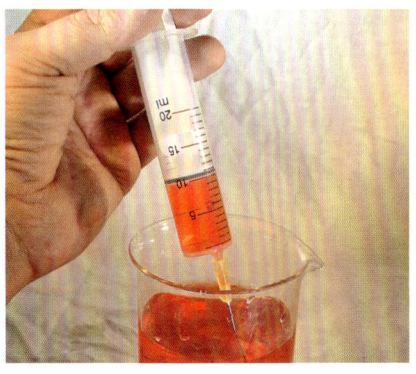

67.5 Beim Aufziehen einer Spritze wird Wasser in den Kolbenraum gedrückt.

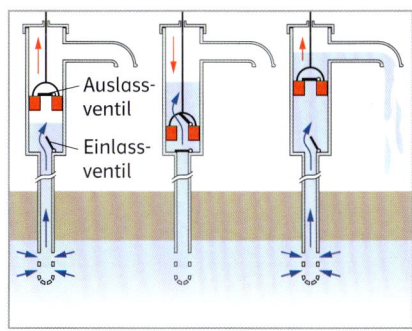

67.6 Funktion der Schwengelpumpe: Beim Heben des Kolbens öffnet sich das Einlassventil. Das Wasser wird gehoben. Beim Senken des Kolbens schließt sich das Einlassventil. Das Wasser kann nicht zurückfließen. Das Auslassventil öffnet sich, Wasser strömt in den Zylinder und wird beim Heben des Kolbens zum Wasseraustritt gehoben.

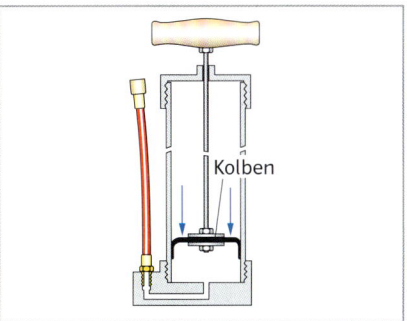

67.7 Funktion einer Fahrradpumpe: Beim Hinunterdrücken des Kolbens dichtet der Kolben gegen die Zylinderwand ab. Die Luft wird durch den Schlauch gedrückt. Beim Hinaufziehen lässt der Kolben die Luft in den Zylinder strömen.

V4 Der Heronsball   E1

Fülle eine Glasflasche mit Wasser und setze einen Stopfen mit einem dünnen Metallrohr (bis zum Boden reichend) auf. Blase durch das Rohr Luft in die Flasche.

Gibst du die Öffnung frei, wird das Wasser aus der Flasche gedrückt.

1. Kreuze an. Die **3 Aggregatzustände** heißen:

☐ weich   ☐ flüssig   ☐ wässrig   ☐ gasförmig   ☐ luftig   ☐ hart   ☐ fest   ☐ kristallin

W1

2. Kohäsion oder Adhäsion? Kreuze an.

W1

	Kohäsion	Adhäsion
Der Glastisch ist schmutzig.	☐	☐
Die Butter schmilzt, wenn man sie aus dem Eiskasten nimmt.	☐	☐
Manche Pickerl bekommt man gar nicht mehr vom Untergrund herunter.	☐	☐
Morsches Holz lässt sich leicht brechen.	☐	☐

3. Das Fremdwort für „**Haarröhrchen**" heißt _____.

W1

Nenne 4 Stoffe oder Gegenstände, die Haarröhrchen besitzen. _____

_____

4. Wasser gefriert bei _____ und siedet bei _____,

W1

das entspricht ☐ 0 K, ☐ 100 K, ☐ 273 K   und ☐ 100 K, ☐ 373 K, ☐ 473 K.

5. Weshalb **dehnen sich Körper beim Erwärmen aus**? _____

W1

_____

6. Einen **großen Druck** durch eine **kleine Fläche** erzeugen zB …

W1

☐ ein Nagel   ☐ Sportschuhe   ☐ Skier   ☐ eine Axt   ☐ Raupenfahrzeuge   ☐ Messerklingen

7. Der hydrostatische Druck wird mit zunehmender Wassertiefe

W1

☐ stärker, ☐ schwächer.

Wie wird daher das Wasser aus dem Gefäß spritzen?
Zeichne das spritzende Wasser ein.

8. Ein Körper hat ein Gewicht von 50 N. Sein Auftrieb im Wasser beträgt 40 N.

W1

Dieser Körper wird im Wasser   ☐ schwimmen, ☐ schweben, ☐ sinken.

9. Ein Körper wiegt an der Luft 100 N, im Wasser 80 N. Das Gewicht des verdrängten Wassers beträgt

W1

☐ 100 N, ☐ 80 N, ☐ 60 N, ☐ 40 N, ☐ 20 N, ☐ 10 N.

10. Der Luftdruck auf der Erde entsteht durch _____.

W1

Bei Erhöhung der Teilchengeschwindigkeit   ☐ sinkt der Luftdruck, ☐ steigt der Luftdruck.

11. Ein Vakuum ist ein Raum   ☐ mit viel Luft, ☐ ohne Luft, ☐ mit nur wenig Luft.

W1

12. Wie hoch lässt sich Wasser mit einer Pumpe ungefähr saugen?

W1

☐ unbegrenzt hoch   ☐ 1000 m   ☐ 100 m   ☐ 10 m   ☐ 1 m

13. Welche Aussagen über Teilchen sind richtig? Kreuze an.

☐ Die kleinsten Teilchen sind unbeweglich.

☐ Wenn sich Zucker im Wasser auflöst, zerfällt er in seine kleinsten Teilchen.

☐ Die Adhäsion nützt man zB beim Kleben aus.

☐ Die kleinsten Teilchen sind etwa 0,01 mm groß.

☐ Teilchen haben Anziehungskräfte.

☐ Durch die Adhäsion können sich Flüssigkeiten in dünnen Röhrchen hochziehen.

☐ Die Teilchen von Gasen liegen sehr eng beieinander.

☐ Feststoffe haben eine geringe Kohäsionskraft.

14. Wasser benetzt nicht (oder schlecht) …

☐ Papier ☐ Wachs ☐ fettige Oberflächen ☐ Holz ☐ sauberes Glas ☐ geputzte Schuhe

☐ Ziegel ☐ Entenfeder ☐ Kreide ☐ Tulpenblatt ☐ Watte ☐ frischen Lack

15. Was ist richtig? Kreuze an.

☐ Der absolute Nullpunkt ist die tiefste mögliche Temperatur.

☐ Die Wissenschaft arbeitet daran, Temperaturen unter 0 Kelvin zu erreichen.

☐ Beim absoluten Nullpunkt bewegen sich die Teilchen nicht mehr.

16. **Druck** wird mit dem Zeichen _____ abgekürzt. Die **Einheit des Drucks** heißt _____ (Pa).

1 hPa = _____ Pa   1 kPa = _____ Pa   1 bar = _____ Pa

17. Zeichne den höchstmöglichen Wasserstand in den Gefäßen ein.

18. In welchem Gefäß ist das Salzwasser? ☐ in A   ☐ in B

Begründe deine Entscheidung!

_____

19. Wie viel Kraft ist notwendig, um einen leeren 7-Liter-Plastikkübel mit der Öffnung nach oben bis zum Rand ins

Wasser zu tauchen? _____

20. Ein Marmeladeglas im Supermarkt hat immer einen nach innen gewölbten Deckel. Erkläre!

_____

_____

_____

21. Kreuze den Luftdruck im Keller und im Dachgeschoß an.

DG
☐ 1009 hPa
☐ 1010 hPa
☐ 1011 hPa

1

1010 hPa

EG

K
☐ 1009 hPa
☐ 1010 hPa
☐ 1011 hPa

70.1 Fällt nicht gleich schnell!

1. Wodurch werden Wasser- und Luftwiderstand verursacht?

V1 Fällt nicht gleich schnell! (Abb. 70.1) E1

Nimm zwei Blätter Papier und knülle eines zu einem Ball zusammen. Lass beide Blätter aus gleicher Höhe fallen. Das zusammengeknüllte Blatt fällt wie ein Stein. Das andere segelt langsamer zu Boden.

Bewegte Körper müssen Luft oder Wasser zur Seite schieben. Das spürst du als Widerstand, wenn du zB bei Gegenwind mit dem Fahrrad fährst oder gegen die Strömung eines Flusses zu schwimmen versuchst. Ein fallendes Blatt erfährt ebenfalls einen Luftwiderstand und segelt gemächlich zu Boden.

V2 Ein Strudel saugt! (Abb. 70.2) E1

Fülle eine längere Wanne mit Wasser und streue Pfeffer darauf. Fahre mit einem Brettchen in verschiedenen Stellungen durch das Wasser. Beobachte das Verhalten des Wassers vor, neben und hinter dem Brettchen.

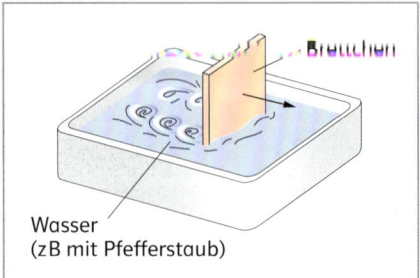

70.2 Ein Strudel saugt!

Bewegt sich ein Körper durch die Luft oder das Wasser, muss die **Trägheit dieser „Strömungsmedien"** überwunden werden. Der Körper wird umströmt. Durch die Reibung des Mediums bilden sich hinter dem Körper **Wirbel** aus. Diese erzeugen einen **Unterdruck** und üben auf den Körper eine **Sogwirkung** in entgegengesetzter Richtung zur Bewegung aus. Vor dem Körper entsteht eine **Verdichtung**, die einen **Staudruck** verursacht. (Abb. 70.3).

> **M** **Luft- und Wasserwiderstand** entstehen, weil der bewegte Körper Luft und Wasser zur Seite drängt und dabei **Wirbel** auftreten.
> Vor dem Körper entsteht ein **Staudruck**, hinter ihm ein **Unterdruck** (Sogwirkung).

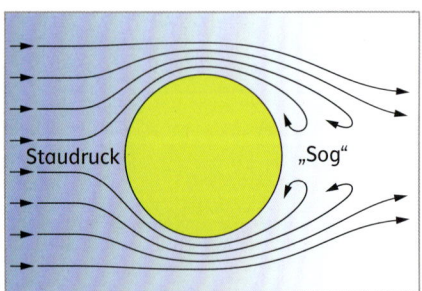

70.3 Das Strömungsmedium wird abgelenkt. Hinter dem Körper erzeugen Wirbel eine Sogwirkung.

2. Wovon hängt der Strömungswiderstand ab?

V3 Formen im Luftstrom (Abb. 70.6) E1, E4

Setze verschieden geformte Körper mit gleichem Querschnitt dem Luftstrom eines Föhns aus.
a) Miss den Strömungswiderstand mit einem Kraftmesser.
b) Stelle die Wirbel hinter dem Körper fest, indem du Wollfäden oder Seidenpapierstreifen in die Luftströmung setzt.
c) Probiere gleich geformte Körper mit kleinerem Querschnitt aus.

70.4 Im Windschatten hat ein Radfahrer weniger Luftwiderstand.

70.5 Badeanzüge und Badehauben verringern den Wasserwiderstand.

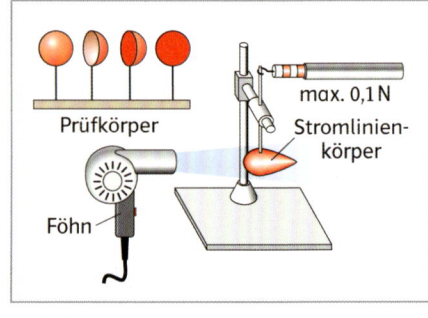

70.6 Formen im Luftstrom

→ Arbeitsheft-Seite 40–41

Je schneller du mit deinem Fahrrad fährst oder je stärker der entgegenkommende Wind ist, desto mehr spürst du den Widerstand der Luft.
Gehst du durch Wasser, spürst du einen viel größeren Widerstand als beim Gehen und Laufen durch Luft.
Skirennfahrer und Radrennfahrerinnen fahren nicht aufrecht, sondern nehmen eine Stellung ein, die möglichst wenig Luftwiderstand ergibt.
Die Körper von Wasserlebewesen und Vögeln haben eine sogenannte „Stromlinienform" (Abb. 71.4). Der Mensch hat versucht, diese Gestalt bei schnellen Autos, Flugzeugen und Raketen nachzuformen (Abb. 71.5).

71.1 Ein Skispringer versucht mit wenig Luftwiderstand Anlauf zu nehmen.

V4 Fallschirmtest (Abb. 71.2) E1

Nimm ein leichtes, quadratisches Tuch (zB Seidentuch) und befestige an seinen Ecken gleich lange Zwirnfäden als Halteleinen. Binde einen Körper (zB Ringschraube) daran und lass den Fallschirm zu Boden gleiten. Ändere die Größe des Schirmes und die daranhängende Masse und finde deinen optimalen Fallschirm.

Fallschirme, Segel, Ruder und Schiffsschrauben nützen den hohen Luft- bzw. Wasserwiderstand aus, den sie durch ihre Form und ihre große Querschnittsfläche erhalten.

71.2 Fallschirmtest

M Der **Strömungswiderstand** hängt ab von
- der Dichte und Zähigkeit des Strömungsmediums,
- der Strömungsgeschwindigkeit,
- der Größe der Querschnittsfläche des umströmten Körpers,
- der Gestalt des Körpers.

3. Welcher Zusammenhang besteht zwischen Strömungswiderstand und Geschwindigkeit?

V5 Bei starkem Wind (Abb. 71.3) E1

Lege einen Tischtennisball, einen Flummi und eine Glasmurmel nebeneinander auf eine ebene Fläche. Blase sie mit der schwächsten Stufe eines Föhns an. Probiere den Versuch auch mit der stärksten Föhnstufe.

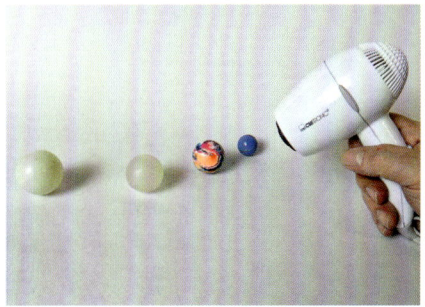

71.3 Bei starkem Wind

Je schneller ein Körper umströmt wird, desto mehr Wirbel entstehen und desto größer ist der Strömungswiderstand. Beim Autofahren macht sich dies im Treibstoffverbrauch bemerkbar. Langsameres Fahren spart daher Treibstoff und schont die Umwelt.

M Der Strömungswiderstand wächst mit der Strömungsgeschwindigkeit.

Infobox:
2-fache Geschwindigkeit →
4-facher Strömungswiderstand,

3-fache Geschwindigkeit →
9-facher Strömungswiderstand …

71.4 Ein Hai besitzt eine perfekte Stromlinienform.

71.5 Stromlinien um ein Auto

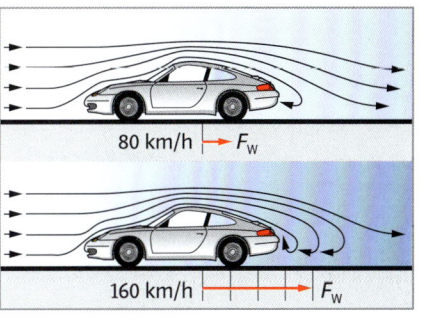

71.6 Doppelte Geschwindigkeit verursacht etwa den 4-fachen Strömungswiderstand.

72.1 Tönende Gläser

1. Wie entsteht Schall?

V1 **Tönende Gläser (Abb. 72.1)**   E1

Fülle ein dünnwandiges Weinglas halbvoll mit Wasser. Befeuchte deinen Zeigefinger ein wenig und gleite mit diesem den Glasrand entlang. Bringst du das Glas zum Schwingen, erklingt ein Ton.
Ändere die Tonhöhe, indem du die Wassermenge änderst.

V2 **Spritzender Ton (Abb. 72.2)**   E1

Schlage eine Stimmgabel an. Du hörst ihren Ton, wenn du sie zB an eine Holzplatte hältst (Abb. 6.3). Tauchst du die angeschlagene Stimmgabel ins Wasser, spritzt es nach allen Seiten weg.

Wenn ein elastischer Körper sehr schnell hin- und herschwingt, entsteht **Schall**. Diese Körper werden **Schallquellen** genannt.
Du kannst das Schwingen bei den Saiten einer Gitarre sehen. Hältst du deine Fingerspitzen beim Sprechen an den Kehlkopf, spürst du das Schwingen der Stimmbänder (Abb. 72.3).

> **M**   **Schall** entsteht, wenn ein elastischer Körper rasch **schwingt**.

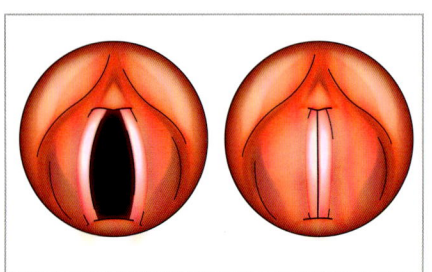

72.2 Spritzender Ton

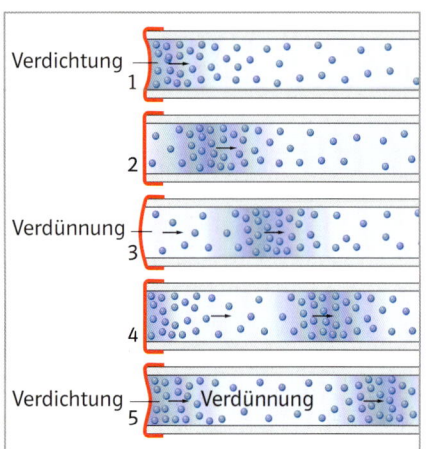

72.3 Die Stimmbänder im menschlichen Kehlkopf

2. Wie breitet sich der Schall aus?

V3 **Dosentrommeln (Abb. 72.5)**   E1

Entferne Boden und Deckel von zwei Konservendosen und bespanne eine Öffnung mit einer Gummihaut, zB einem Gummihandschuh. Stelle die Dosen mit den Öffnungen zueinander auf. Hänge einen Tischtennisball zur zweiten Dose und schlage auf das Trommelfell der ersten Dosentrommel. Der Tischtennisball bewegt sich, wenn du die erste Dose anschlägst.

Schlägst du bei V3 auf den ersten Dosenboden, wird die Luft dahinter verdichtet. Durch Stöße auf die benachbarten Luftteilchen entfernt sich die Zone der verdichteten Luft immer weiter von der Schallquelle – eine **Druckwelle** läuft durch die Luft (Abb. 72.4). Trifft die Druckwelle auf den Boden der zweiten Dose, wird auch diese zum Schwingen gebracht und stößt den Tischtennisball weg.

> **M**   Eine **Schallquelle** erzeugt **Verdichtungen und Verdünnungen der Luft**, die sich als **Schallwellen** nach allen Seiten ausbreiten.
> Ohne Luft kann sich der Schall nicht ausbreiten.

Verdichtung 1

2

Verdünnung 3

4

Verdichtung 5   Verdünnung

72.4 Schallwellen sind Verdichtungen und Verdünnungen der Luft.

72.5 Dosentrommeln

72.6 Ohne Luft kann man das Klingeln nicht mehr hören.

3. Wie schnell ist der Schall?

Bist du in einem größeren leeren Raum (zB Lagerhalle), wird dir auffallen, dass du Geräusche doppelt wahrnehmen kannst. Der Schall zB deiner Stimme wird an der Wand zurückgeworfen und kommt zu deinem Ohr zurück. Für dieses Echo ist die Geschwindigkeit des Schalls in der Luft verantwortlich.

> **V4 Echo im Schlauch (Abb. 73.1)** E1
>
> Nimm eine Schlauchrolle von 50 m Länge und befestige an einer Öffnung einen Trichter zum Hören. Sprich in die andere Öffnung einen kräftigen, aber kurzen Laut und horche. Kurz später hörst du den Laut im Trichter. Versuchst du diese Zeitspanne mit einer digitalen Stoppuhr zu messen, erhältst du bei einem 50-m-Schlauch einen Wert von etwa 0,15 Sekunden.

Der Schall legt in der Luft bei etwa 20 °C etwa 340 Meter pro Sekunde zurück. Daher kannst du bei einem Gewitter die Sekunden zwischen Blitz und Donner zählen, um seine Entfernung zu bestimmen. Drei Sekunden entsprechen dabei etwa einem Kilometer Entfernung (Abb. 73.2).

> **V5 Schnurtelefon (Abb. 73.3)** E1
>
> Verbinde zwei Kunststoffbecher mit einer längeren Schnur.
> Bei gespannter Schnur könnt ihr euch zu zweit gut unterhalten.
> Beim Sprechen in den einen Becher werden die Schallschwingungen über die Schnur weitergegeben und auf den zweiten Becher übertragen.

In Flüssigkeiten und Feststoffen ist die Schallgeschwindigkeit größer, da ihre Teilchen enger beieinander liegen. Daher kannst du dich zB sehr gut durch Klopfen auf Heizungsrohre von Raum zu Raum verständigen.

> **M** Die **Schallgeschwindigkeit** in der Luft beträgt etwa $340 \frac{m}{s}$.
> In Flüssigkeiten und Feststoffen ist sie größer.

4. Wie entsteht lauter oder leiser Schall?

Je heftiger eine Schallquelle schwingt, desto heftiger schwingen auch die Luftteilchen und desto größer sind die Druckänderungen in der Luft.
Bei stärkeren Stößen der Luftteilchen an das Trommelfell im Ohr empfinden wir laute Töne und Geräusche.
Der **Druck der Schallwellen** (der *„Schalldruck p"*) wird in Mikropascal (µPa) oder Dezibel (dB) gemessen.

> **M** Starke **Druckschwankungen** der Luft empfinden wir als laut, schwache als leise.

73.1 Echo im Schlauch

73.2 Das Licht ist viel schneller als der Schall. Daher hörst du den Donner drei Sekunden pro km später, als du den Blitz siehst.

73.3 Schnurtelefon

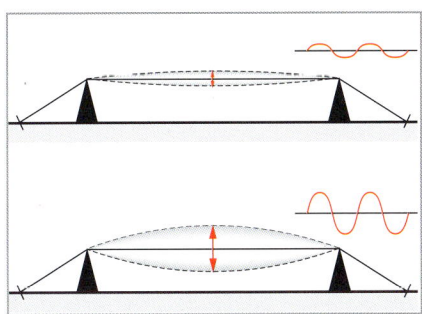

Infobox:
Schallgeschwindigkeit bei 20 °C:
in Luft … $343 \frac{m}{s}$
in Helium … $981 \frac{m}{s}$
in Wasser … $1484 \frac{m}{s}$
in Holz … ca. $3300 \frac{m}{s}$

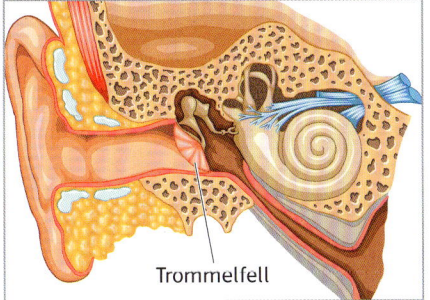

73.4 Schallwellen bringen das Trommelfell im Ohr zum Schwingen.

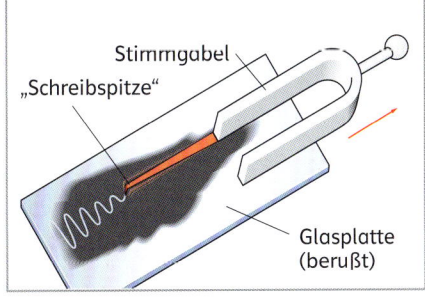

73.5 Wird die Stimmgabel leiser, schwingt sie schwächer.

73.6 Leise und laut: schwache und starke Schwingungen

3 Tonhöhe und Frequenz

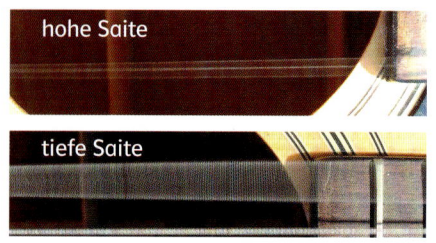

hohe Saite

tiefe Saite

74.1 Die Saiten einer Gitarre schwingen unterschiedlich bei hohen und tiefen Tönen.

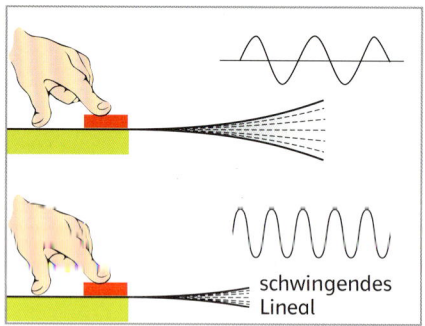

schwingendes Lineal

74.2 Linealophon

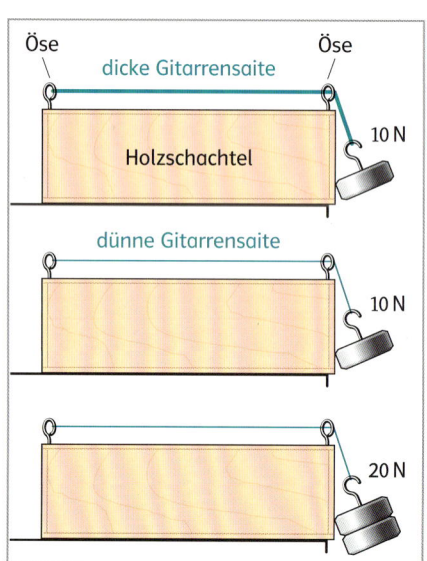

74.3 Bei einer Spieldose erzeugen die kürzeren Zungen höhere Töne.

Öse   Öse
dicke Gitarrensaite
Holzschachtel
10 N

dünne Gitarrensaite
10 N

20 N

74.4 Unter Spannung

1. Wie kannst du hohe und tiefe Töne erzeugen?

Betrachte die Saiten einer Gitarre beim Schwingen. Bei tiefen Tönen schwingen die Saiten viel deutlicher als bei hohen Tönen (Abb. 74.1).

V1 Linealophon (Abb. 74.2)   E1

Halte ein Kunststofflineal am Tisch fest, sodass der längere Teil über die Tischkante ragt. Bringe das Lineal zum Schwingen. Verkürzt du den schwingenden Teil des Lineals, wird der Ton höher.

Die Tonhöhe hängt davon ab, wie schnell ein Körper schwingt. Bei **tiefen Tönen** werden **langsame**, bei **hohen Tönen schnelle Schwingungen** erzeugt. Dies entsteht zB durch Verkürzung des schwingenden Körpers (Abb. 74.3).

V2 Unter Spannung (Abb. 74.4)   E1, E4

Befestige eine dicke Gitarrensaite zB mit zwei Ösen auf einer Holzschachtel. Hänge daran 10 N Gewicht und schlage die Saite an. Tausche dann die dicke gegen eine dünne Saite. Spanne die Saite mit mehr Gewicht (zB 20 N). Wie verhalten sich die Tonhöhen der Saiten?

Wird die **Spannung eines schwingenden Körpers** verändert – zB beim Stimmen einer Gitarre – ändert sich auch die Tonhöhe. Unter stärkerer Spannung schwingt der Körper schneller. Der Ton ist höher.

Hat ein schwingender Körper eine größere **Masse**, schwingt er langsamer und ergibt einen tieferen Ton. Deshalb sind die tiefen Saiten eines Klaviers dick, die hohen aber dünn.

M Langsam schwingende Schallquellen erzeugen **tiefe Töne**.
Schnell schwingende Schallquellen erzeugen **hohe Töne**.
Die **Tonhöhe** ist abhängig von der Länge, der Masse und der Spannung des schwingenden Körpers.

2. Was bedeutet Frequenz?

Die meisten Musikinstrumente sind nach dem **Kammerton** a' mit der Frequenz von 440 Hertz gestimmt. Das bedeutet, dass der Klangkörper mit dem Ton a' 440-mal in einer Sekunde hin- und herschwingt.

Die Maßeinheit der **Frequenz** f ist nach dem deutschen Physiker **Heinrich Hertz** (1857–1894) benannt:

1 Hertz (Hz) = **1 Schwingung pro Sekunde**

Hohe Töne haben eine hohe, tiefe Töne eine niedrige Frequenz.

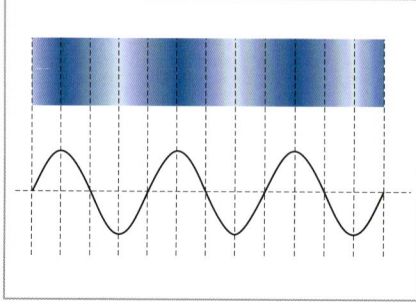

74.5 Bei drei Schwingungen pro Sekunde beträgt die Frequenz 3 Hertz.

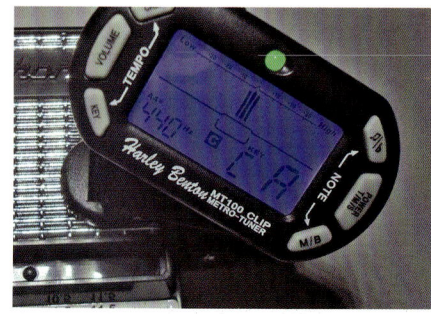

74.6 Das Stimmgerät zeigt den Kammerton a' (440 Hertz) an.

→ Arbeitsheft-Seite 44–45

V3 Die Lochsirene (Abb. 75.1)   E1

Befestige eine Kreisscheibe mit regelmäßig angeordneten Löchern zB an einem Akkuschrauber und bringe die Scheibe in schnelle Drehung.
Blase mit einem Röhrchen gegen die Löcher der sich drehenden Scheibe.
Du hörst einen Ton durch den regelmäßig abreißenden Luftstrom.
Bei schnellerer Umdrehungszahl hörst du einen höheren Ton.

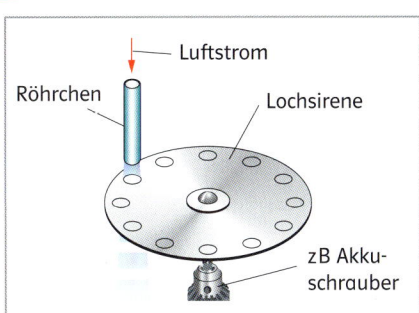

75.1 Die Lochsirene

V4 Die Frequenzaufzeichnung (Abb. 75.2)   E1

Befestige einen Stift an einer eingespannten Blattfeder. Lass den Stift ein Blatt Papier berühren. Bringe die Feder zum Schwingen und ziehe das Blatt gleichmäßig unter dem Stift weg.

> **M** Die **Frequenz** ist die Zahl der Schwingungen pro Sekunde.
> Ihre Maßeinheit ist **1 Hertz** = 1 Schwingung pro Sekunde.
> hohe Töne – hohe Frequenz, tiefe Töne – niedrige Frequenz

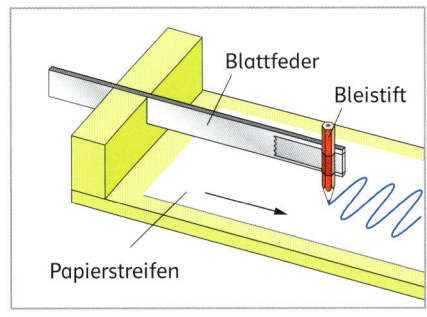

75.2 Die Frequenzaufzeichnung

3. Was können wir hören?

Unterhalb der **Hörschwelle** mit dem Schalldruck von 20 µPa = 0 Dezibel (dB) können wir keinen Schall mehr wahrnehmen. Geräusche bis 30 dB empfinden wir als **leise**, ab 60 dB als **laut**. Bei etwa 90 dB empfinden wir ein Geräusch als **unerträglich** und ab 120 dB sogar **schmerzhaft** (Abb. 75.3).
Starker Lärm mit über 90 dB kann auf Dauer die Knöchelchen im Ohr schädigen und zu Schwerhörigkeit führen. Bei Arbeiten unter starker Lärmeinwirkung sollte man daher einen Gehörschutz tragen.

V5 Bis nichts mehr klingt … (Abb. 75.4)   E1, E4

Verändere die Tonhöhe an einem Ultraschallerzeuger (zB Ultraschall-Tiervertreiber). Bestimmt durch Aufzeigen, ab welcher Tonhöhe kein Klang mehr wahrgenommen werden kann.
Kann eure Lehrerin/euer Lehrer auch so hohe Töne wahrnehmen wie ihr?

Schallschwingungen unter 20 Hz (**Infraschall**) und über 20 000 Hz (**Ultraschall**) können wir nicht hören. Sie schwingen zu langsam oder zu schnell für unser Gehör.
Hunde hören Frequenzen bis etwa 50 000 Hz. Fledermäuse finden sich mit Tönen bis zu 120 000 Hz in ihrer Umgebung zurecht. In der Medizin wird Ultraschall zur Untersuchung von inneren Organen angewendet. Die Organe reflektieren den Schall. Ein Computer „übersetzt" die Reflexionen in ein sichtbares Bild.

> **M** Das **menschliche Ohr** hört Töne, die in einem Frequenzbereich von etwa 20–20 000 Hz liegen.

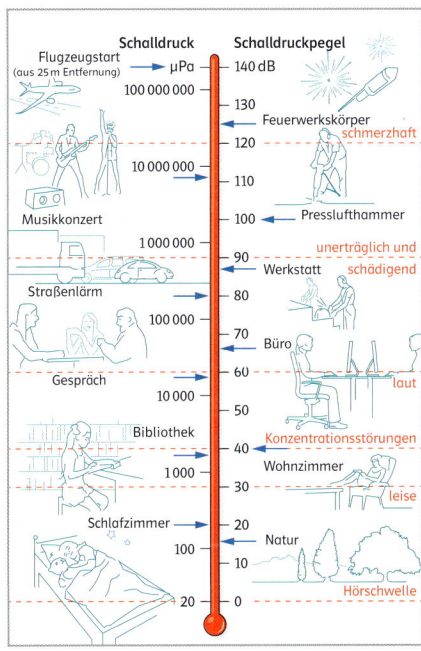

75.3 Die Stärke von Schalleindrücken wird in µPa oder dB angegeben.

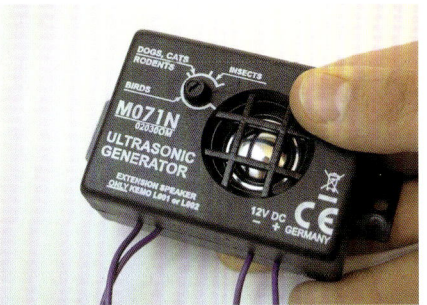

75.4 Bis nichts mehr klingt …

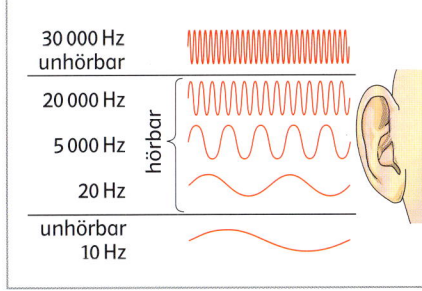

75.5 Das menschliche Gehör nimmt nur einen Teil der Luftschwingungen wahr.

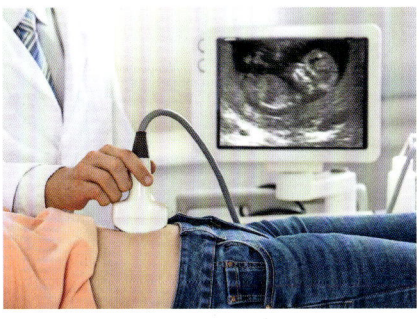

75.6 Ultraschalluntersuchung einer werdenden Mutter

Musikinstrumente

76.1 Musikgruppen …

76.2 … verwenden verschiedene Arten …

Schon in frühen Zeiten entwickelte der Mensch Geräte, um die menschliche Stimme zu ergänzen. Teils tat er dies aus Gründen der Kommunikation über weite Strecken, teils aus der Freude an schönen Klängen. Aus einfachen Geräten, wie zB Schlaghölzern, Rasseln und Pfeifen, entwickelten erfindungsreiche Handwerker unzählige Musikinstrumente. Diese werden heute grob in fünf Untergruppen eingeteilt.

76.3 … von Klangerzeugern.

1. Saitenklinger (Chordophone)

Bei diesen Instrumenten werden Saiten durch Zupfen (Gitarre), Streichen (Geige) oder Schlagen (Klavier) zum Schwingen gebracht.

76.4 Der Bogen versetzt die Saiten in Schwingung.

76.5 Beim Klavier schlagen Hämmer auf die Saiten.

V1 Gummigitarre E1, E4

Spanne einen Gummiring über eine Schachtel. Wie kannst du damit höhere oder tiefere Töne erzeugen?

2. Fellklinger (Membranophone)

Eine Membran, zB Tierhaut, wird auf einen Resonanzkörper gespannt. Dieser schwingt mit der Membran mit und verstärkt die Töne der Membran.

76.6 Ein „Drumset" (Schlagzeug)

76.7 Afrikanische Djembe

V2 Trommelschwingung E1

Setze eine Trommel auf die Box eines Verstärkers. Gib Wasser auf das Trommelfell und beschalle die Trommel. An der Wasseroberfläche zeigen sich je nach Tonhöhe unterschiedliche Wellenmuster.

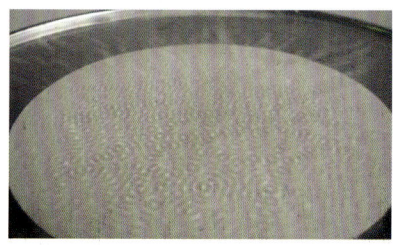

3. Luftklinger (Aerophone)

Diese Instrumente bringen Luftsäulen zum Schwingen und verstärken den Ton durch Resonanzkörper (Flöte, Orgel) oder Schalltrichter (Trompete). Auch diese Körper schwingen mit, verstärken den Ton und bestimmen den Klang.

77.1 Pfeifen einer Orgel

77.2 Irische Flöte

V3 Schlauchtrompete E1

Befestige einen Trichter an einem Schlauch von etwa 2 m Länge. Versuche, die Luftsäule durch Lippenvibration zum Schwingen zu bringen.

4. Selbstklinger (Idiophone)

Bei diesen Instrumenten schwingt der ganze Körper und erzeugt den Ton. Sie bilden auch gleich selbst den Resonanzraum, der den Ton verstärkt.

77.3 Kirchenglocke

77.4 Becken eines Schlagzeugs

V4 Die Röhrenglocke E1

Nimm ein Stück Kupferrohr und bohre es in $\frac{1}{5}$ seiner Länge an. Hänge das Rohr frei schwingend an den Bohrungen auf und schlage es mit einer Holzstange an.

5. Elektronische Klangerzeuger

Hier werden Schwingungen des elektrischen Stroms verändert. Der eigentliche Klangerzeuger ist immer ein Lautsprecher, der die Stromschwankungen in Schallwellen umwandelt.

77.5 Lew Termen, Erfinder des ersten elektronischen Instruments (Theremin)

77.6 „Micromoog" und „Minimoog" – zwei klassische Synthesizer

V5 Ein tiefes Brummen E1

Verbinde kurz die Pole eines Wechselstromnetzgerätes mit ca. 3 Volt Spannung mit den Anschlüssen eines Lautsprechers. Du hörst das Brummen von 50 Hz.

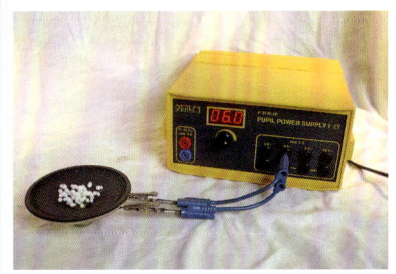

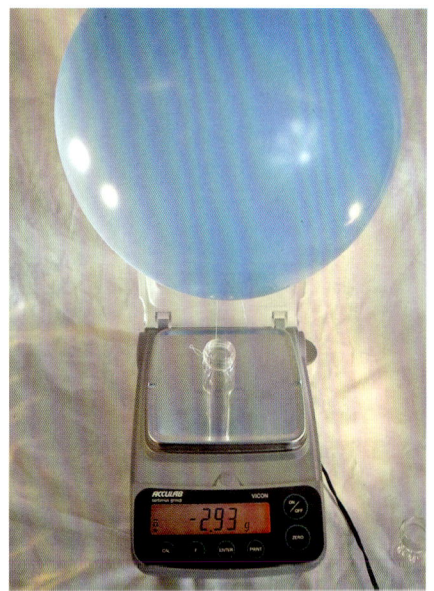

78.1 Die Tragkraft des Ballons

1. Wann steigt ein Ballon in die Lüfte?

V1 Die Tragkraft des Ballons (Abb. 78.1)   E1

Stelle ein Gläschen auf eine genaue Waage und stelle sie auf 0 g ein. Hänge einen Heliumballon an das Gläschen. Teilst du den abgelesenen Wert durch 100, so erhältst du den Wert der Tragkraft des Ballons in N.

Ein mit Helium gefüllter Ballon steigt in der Luft auf. Wie für ein Stück Holz, das unter Wasser losgelassen wird (→ Seite 59), gilt für ihn das „archimedische Prinzip" des Auftriebs: Ein Körper hat in der Luft genauso viel Auftriebskraft, wie das Gewicht der von ihm verdrängten Luft beträgt.

V2 Die Auftriebswaage („Dasymeter" nach Otto von Guericke, Abb. 78.2)   E1

An einer kleinen Waage hängen eine Styroporkugel und ein kleines Gegengewicht. Die Waage ist in der Luft ausgeglichen.
a) Stelle die Waage unter eine Vakuumglocke und sauge die Luft ab. Die große Kugel senkt sich, da auf sie der Auftrieb der Luft nicht mehr wirkt.
b) Stelle die Waage in eine große Glaswanne (zB Aquarium) und fülle diese mit Kohlenstoffdioxid. Die Kugel hebt sich, da sie nun einen größeren Auftrieb hat als in der Luft.

78.2 Die Auftriebswaage

Ein Ballon steigt in der Luft auf, wenn das Gewicht des gesamten Ballons geringer ist als das Gewicht der von ihm verdrängten Luft. Das kann nur erreicht werden, wenn das Füllgas pro m³ wesentlich leichter als Luft ist.
Geeignete Füllgase sind Wasserstoffgas, Helium und Heißluft.

V3 Schwimmende Seifenblasen (Abb. 78.3)   E1

Fülle eine große Glaswanne mit Kohlenstoffdioxid. Blase Seifenblasen in die Luft, die von oben in die Wanne fallen sollen. Die mit Luft gefüllten Blasen schwimmen am dichteren Kohlenstoffdioxid-See.

V4 Mit heißer Luft (Abb. 78.4)   E1

Hänge zwei Kaffeefilter an eine in der Mitte drehbar aufgehängte Holzleiste. Entzünde unter einer Filtertüte eine Kerze. Die warme Luft hat eine geringere Dichte als kühle Luft und fängt sich im Filter. Er steigt nach oben.

78.3 Schwimmende Seifenblasen

M Der **Auftrieb in der Luft** ist gleich groß wie das Gewicht der Luft, die ein Körper verdrängt. Ein Ballon **steigt auf**, wenn die von ihm verdrängte Luft schwerer ist als er selbst.

78.4 Mit heißer Luft

78.5 Heißluftballons

78.6 Wetterballons sind mit Helium oder Wasserstoff gefüllt.

2. Wie steuert ein Heißluftballon seine Höhe?

V5 Ballon an der Leine (Abb. 79.1) E1

Befestige eine längere, stärkere Schnur an einem mit Helium gefüllten Ballon. Lass so viel Schnur am Ballon hängen, dass es aussieht, als würde er auf der Schnur stehen. Das Schnurstück soll gerade nicht am Boden ankommen.

Ein Ballon schwebt in gleicher Höhe, wenn sein Gewicht genauso groß ist wie sein Auftrieb. Will eine Heißluftballonfahrerin in gleicher Höhe bleiben, muss sie die Heißluftzufuhr verringern, um nicht höher zu steigen. Wenn der Auftrieb des Ballons zu gering ist und er zu sinken beginnt, muss sie Heißluft zuführen oder im Notfall Ballast abwerfen.

Will die Ballonfahrerin sinken, muss sie die Luft im Ballon auskühlen lassen. Der Ballon nimmt an Gewicht zu, da kalte Luft dichter ist als warme Luft. Bei Gasballons muss die Fahrerin mit einem Ventil Gas ablassen. Der Ballon wird kleiner und verliert an Auftrieb.

V6 Heißluftmistsack (Abb. 79.2) E1

Beschwere einen Mistsack (35 l, ohne Griffe) aus dünner Kunststofffolie an seiner Öffnung mit etwa 4–6 Büroklammern. Weite den Sack mit den Händen und halte ihn mit der Öffnung nach unten über eine Gasbrennerflamme. Der Sack füllt sich mit heißer Luft und steigt auf. Kippt der Ballon, musst du noch ein wenig an der Beschwerung arbeiten.

> **M** Ein **Ballon schwebt** in der Luft, wenn sein Gewicht und sein Auftrieb gleich groß sind.
> Er **sinkt**, wenn sein Gewicht größer als sein Auftrieb ist.

Stationen der Ballon- und Luftschifffahrt

Die ersten mit Kerzen beheizten Ballons wurden auf den Feldzügen der chinesischen Armee unter **Zhuge Liang** (181–234) als Signalzeichen eingesetzt (Abb. 79.3).

Die Brüder **Joseph** und **Jacques Montgolfier** (1740–1810 und 1745–1799) beobachteten angeblich, wie sich Bettlaken über einem Feuer nach oben wölbten. Daraufhin beschlossen sie, nach diesem Prinzip einen in die Lüfte steigenden Ballon zu bauen. Im Juni 1783 ließen sie ihren ersten Ballon vor Publikum steigen. Im September desselben Jahres stiegen im Beisein von König Louis XVI. ein Hausschaf, eine Ente und ein Hahn in die Lüfte. Sie überlebten und so durften im November 1783 die ersten Menschen eine „**Montgolfière**" (Abb. 79.4) besteigen.

Der Physiker **Jacques Charles** (1746–1823) stieg im August 1783 mit dem ersten bemannten Gasballon („**Charlière**") auf. Das Erzeugen des nötigen Wasserstoffgases aus Eisenspänen und Schwefelsäure dauerte drei Tage lang. Heutige Gasballons sind meist mit dem unbrennbaren Helium gefüllt. Sie werden zB als Wetterballons (Abb. 78.6) zum Transport von Messgeräten verwendet und erreichen eine Höhe von bis zu 50 000 Metern.

Luftschiffe sind mit Helium oder Wasserstoff gefüllte starre Ballons, die man mithilfe von Motoren und Rudern lenkbar macht. Der bekannteste Luftschifferbauer war **Ferdinand Graf von Zeppelin** (1838–1917). Sein Luftschiff LZ 1 (Abb. 79.5) hob im Juni 1900 über dem Bodensee zu seiner Jungfernfahrt ab. Die heutigen Luftschiffe werden als Werbeträger, zum Transport schwerer Lasten oder als Beobachtungsstationen eingesetzt.

79.1 Ballon an der Leine

79.2 Heißluftmistsack

79.3 „Himmelslaternen" werden seit 1800 Jahren in Asien benutzt.

79.4 Die Montgolfière

79.5 Das Luftschiff LZ 1

80.1 Drachenwaage

80.2 Ein Drachen steigt in der Strömung des Windes.

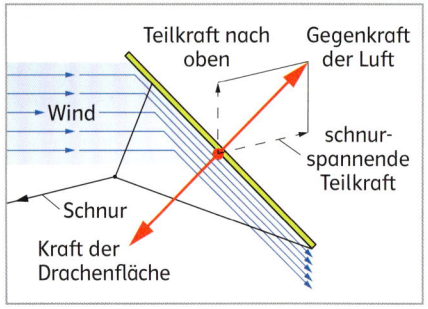

80.3 Wirkung der Windkraft auf eine Drachenfläche

1. Weshalb hält sich ein Drachen in der Luft?

V1 Drachenwaage (Abb. 80.1) E1

Bastle aus Holzspießen, Kunststofffolie und Klebeband ein kleines Drachenmodell und befestige es schräg an einer beschwerten Blechdose. Stelle das Modell auf eine Digitalwaage, stelle diese auf 0 g („Tara") und blase mit dem Föhn auf die Drachenunterseite.
Die Waage zeigt Negativwerte an – Auftrieb des Drachens. 10 g entsprechen etwa 0,1 N Auftriebskraft.

Eine Drachenfläche ist der meist waagrechten Strömung des Windes ausgesetzt. Dadurch wird das Halteseil gespannt und der schräg gestellte Drachen gehoben (Abb. 80.2).
Bei V1 kannst du spüren, dass der Luftstrom durch die Drachenfläche nach unten abgelenkt wird. Aufgrund des Gesetzes von Kraft und Gegenkraft (→ Seite 16–17) hebt sich der Drachen durch die abgelenkten Luftmassen (Abb. 80.3).

M Eine **Drachenfläche** lenkt die strömende Luft nach unten ab.
Ein Teil der **Gegenkraft der abgelenkten Luft** hebt den Drachen.

2. Wie wirken sich gewölbte Flächen auf einen Luftstrom aus?

V2 Ball und Ei geföhnt (Abb. 80.4) E1

Setze einen Tischtennisball oder ein ausgeblasenes Ei in den Luftstrom eines Föhns. Der Ball/Das Ei dreht sich, wird gehoben und bleibt stabil im Luftstrom hängen, auch wenn man den Föhn etwas zur Seite neigt.

Der Tischtennisball (oder das Ei) bei V2 wird im Luftstrom umströmt. Der Luftstrom folgt der Form des Balles ohne sich abzulösen (ohne abzureißen). Strömungen an gewölbten Flächen reißen nicht ab, sondern passen sich diesen an (**Coanda-Effekt**, Abb. 80.5).
Außerdem wird der Luftstrom an den Seiten des Balles zusammengedrängt und umfließt den Ball dadurch etwas schneller. So entsteht ein Unterdruck um den Ball, der ihn wie eine Klammer im Luftstrom hält (**Bernoulli-Effekt**). Der Luftwiderstand (→ Seite 70–71) zieht den Ball nach oben und das Gewicht des Balles verhindert, dass er weggeblasen wird.
Durch die Drehung des Balles fällt dieser auch bei geneigtem Föhn nicht aus dem Luftstrom. Auf der Seite, die sich mit dem Luftstrom dreht, wird ein Unterdruck erzeugt und auf der Seite, die sich gegen den Luftstrom dreht, ein Überdruck (**Magnus-Effekt**).

80.4 Ball und Ei geföhnt

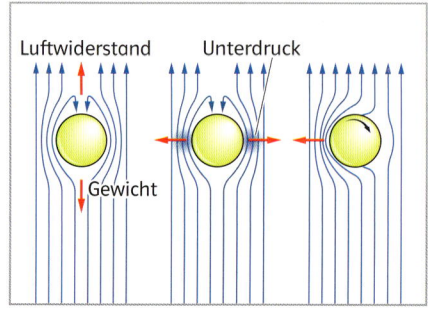

80.5 Coanda-, Bernoulli- und Magnus-Effekt

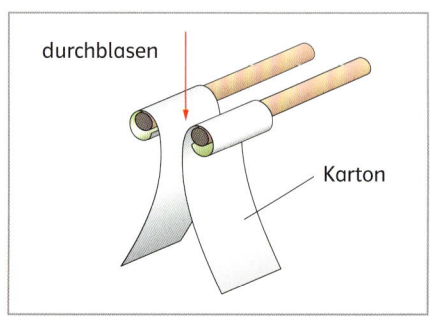

80.6 Wölbkarton

→ Arbeitsheft-Seite 48

V3 Wölbkarton (Abb. 80.6) E1

Hänge zwei gewölbte Kartonstücke auf Holzspießchen mit der Wölbung zueinander und blase hindurch.
Die Kartonstücke bewegen sich aufeinander zu.

V4 Die Sprühflasche (Abb. 81.1) E1

Stecke einen dickeren Trinkhalm in ein Wasserglas. Nimm einen zweiten Trinkhalm und halte ihn im rechten Winkel so gegen den ersten Halm, dass die Öffnung des zweiten halb verdeckt wird. Blase fest in den Halm.
Das Wasser im ersten Halm steigt hoch und wird versprüht.

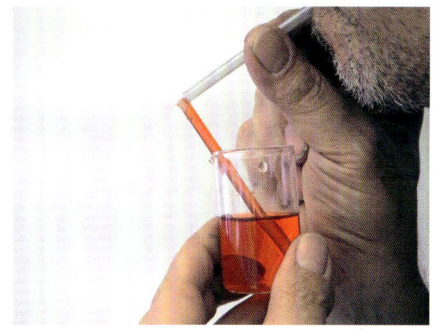

81.1 Die Sprühflasche

Bei V3 und V4 zeigt der Bernoulli-Effekt seine Wirkung: Strömt Luft durch eine Engstelle, wird sie beschleunigt und erzeugt einen Unterdruck (Abb. 81.2). Die Kartonstücke bewegen sich daher zueinander. Das Wasser wird in der Sprühflasche gehoben.

> **M** Strömt Luft über eine **gewölbte Fläche**, entsteht über der Fläche ein geringerer Luftdruck.

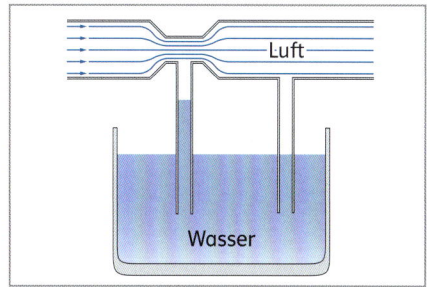

81.2 Strömt Luft durch eine Engstelle, erzeugt sie einen Unterdruck.

3. Wie entsteht der Auftrieb bei einer Flugzeugtragfläche?

V5 Tragflächenwaage (Abb. 81.3) E1

Bastle eine Tragfläche, indem du um eine Kartonrolle eine Kartonbahn klebst. Befestige sie mit einem Stab an einer beschwerten Blechdose. Stelle dein Tragflächenmodell auf eine Digitalwaage und stelle sie auf 0 g. Blase mit einem Föhn in unterschiedlichen Winkeln gegen die Tragfläche und stelle den Auftrieb fest (10 g entsprechen etwa 0,1 N Auftriebskraft). Mache die Strömungen durch angeklebte Seidenpapierstreifen sichtbar.

81.3 Tragflächenwaage

Weil die Luft an der Oberseite der Tragfläche zusammengedrückt wird, entsteht an der Tragflächenoberseite ein Unterdruck (Abb. 81.4). An der Tragflächenunterseite entsteht ein Staudruck – also ein Überdruck. Zusätzlich lenkt die Tragfläche beim Steigen die Luft nach unten ab, weshalb eine Gegenkraft nach oben entsteht.

> **M** Der **Auftrieb einer Tragfläche** hat mehrere Ursachen:
> - Durch die Luftablenkung einer schräg gestellten Tragfläche entsteht eine Gegenkraft nach oben.
> - Durch die zusammengedrängte Luftströmung an der Oberseite entsteht ein Unterdruck (Bernoulli-Effekt).

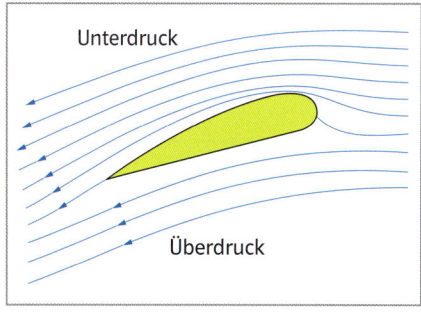

81.4 Über der Tragfläche entsteht ein Unterdruck, darunter ein Überdruck.

81.5 Tragflächen sind den Flügeln von Vögeln nachempfunden.

81.6 Beim Abbremsen des Flugzeuges stören Bremsklappen den Luftstrom.

81.7 Propellerflugzeug für Kurzstreckenflüge

V1 Wanderteilchen E1

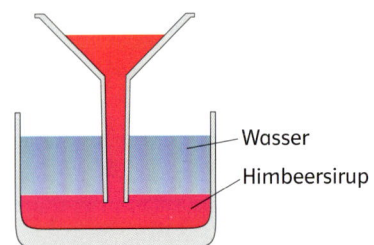

Wasser

Himbeersirup

Lass Himbeersirup vorsichtig unter Wasser fließen.
Nach einigen Tagen haben sich die zwei Flüssigkeiten durch die ständige Teilchenbewegung vermischt.

V2 Ein Teilchensieb E1

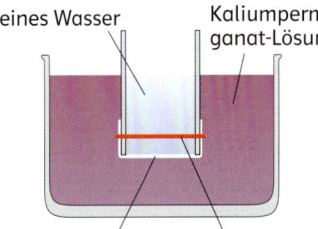

reines Wasser

Kaliumpermanganat-Lösung

Cellophanhaut   Gummiring

Stülpe ein mit Cellophan verschlossenes Glasrohr in Kaliumpermanganat-Lösung.
Die Permanganatteilchen können die Cellophanhaut nicht durchdringen, die kleineren Wasserteilchen schon.

V3 Die Erbsenquellung E1

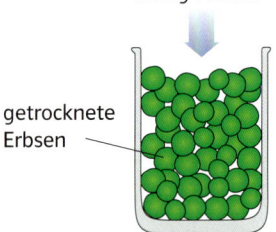

wenig Wasser

getrocknete Erbsen

Fülle ein hohes Becherglas mit getrockneten Erbsen. Befeuchte sie mit wenig Wasser.
Nach einiger Zeit purzeln die Erbsen aus dem Glas. Die Wasserteilchen können in die Erbsen dringen und diese aufblähen.

V4 50 + 50 = 100? E1

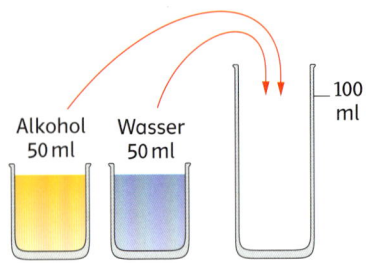

Alkohol 50 ml   Wasser 50 ml   100 ml

Verrühre in einem Becherglas 50 ml Alkohol mit 50 ml Wasser und fülle die Mischung in ein hohes 100-ml-Messglas (nichts verschütten!).
Das Volumen der Mischung ist geringer als die Volumina der Ausgangsstoffe.

V5 50 + 50 = 100? – Modell E1

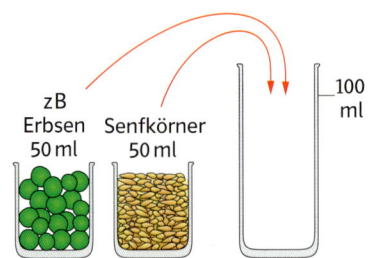

zB Erbsen 50 ml   Senfkörner 50 ml   100 ml

Mische 50 ml trockene Erbsen mit 50 ml trockenen Senfkörnern.
Die Volumsverkleinerung lässt sich dadurch erklären, dass sich die kleinen „Teilchen" zwischen die großen setzen.

V6 Wasserkugeln E1

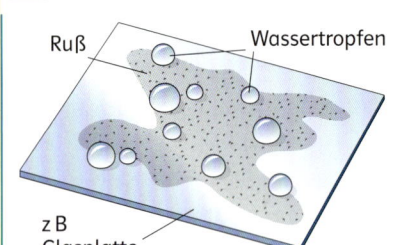

Ruß   Wassertropfen

zB Glasplatte

Beruße eine Glasplatte, indem du sie durch eine Öllampenflamme ziehst. Setze Wassertropfen darauf. Sie haften nicht am Ruß und rollen von der Glasplatte. Durch die geringe Adhäsion kann die Kohäsion das Wasser zu Kugeln formen.

V7 Wasser klebt! E1

Befeuchte zwei nicht zu dicke Glasplatten und presse sie aneinander.
Ziehe die untere Platte etwas hervor und hebe die obere Platte auf. Die Adhäsion der Wasserschicht hält die Platten zusammen. Du kannst auf die untere Platte sogar ein kleines Wägestück stellen.

V8 Flüssigkeiten-Kampf E1

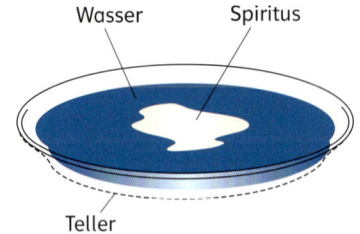

Wasser   Spiritus

Teller

Fülle einen Teller etwa 1 mm hoch mit gefärbtem Wasser. Setze ein paar Tropfen Spiritus in die Mitte. Der Spiritus mit geringerer Oberflächenspannung möchte sich ausbreiten und verdrängt das Wasser.

V9 Zweifarbige Nelke E1

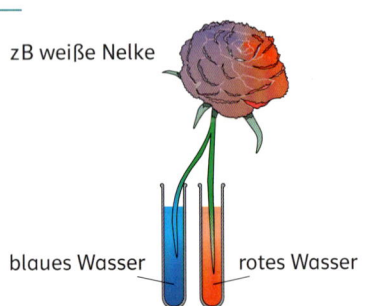

zB weiße Nelke

blaues Wasser   rotes Wasser

Spalte den Stängel einer weißen Nelke. Stecke je eine Hälfte in ein Glas mit roter bzw. blauer Tinte. Durch die Kapillaren im Stängel steigt der Farbstoff bis zur Blüte und färbt diese.

V10 Die Wasserkraft E1

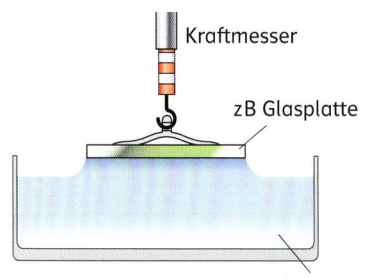

Kraftmesser
zB Glasplatte
Wasser

Hänge eine saubere Glasplatte an einen Kraftmesser. Miss auf die dargestellte Weise die Adhäsionskraft des Wassers.
Vergiss nicht, das Gewicht der Glasplatte vom Messergebnis abzuziehen!

V11 Vorhang auf und zu E1

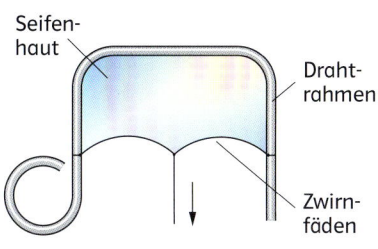

Seifenhaut
Drahtrahmen
Zwirnfäden

Binde Zwirnfäden laut Skizze an einen Drahtrahmen. Tauche das Gerät in Seifenblasenlösung.
Die Oberflächenspannung der Seifenhaut zieht den Zwirn zu einem Bogen zusammen. Teste die Elastizität der Haut durch Ziehen am Mittelfaden.

V12 Münze in der Zange E1

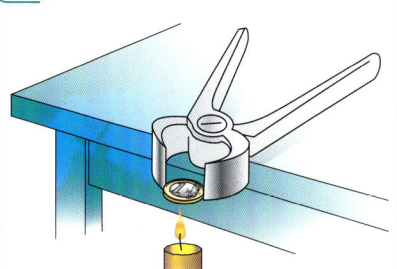

Klemme eine Münze in eine Beißzange und erwärme sie auf dargestellte Weise.
Die Münze dehnt sich aus und drückt die Zange auseinander.
Beim Abkühlen verringert sich die Größe der Münze und sie fällt herab (Unterlage!).

V13 Flaschengeist E1

Befeuchte den Rand einer kalten 2-Liter-Glasflasche und setze eine Münze darauf.
Erwärmst du die Flasche mit deinen Händen, so dehnt sich die Luft aus und hebt die Münze.
Verwende keine schweren Münzen!

V14 Wasser im Keil E1

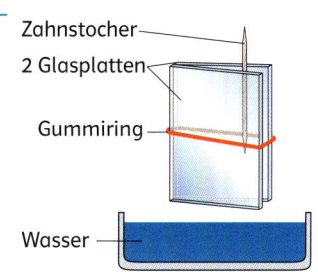

Zahnstocher
2 Glasplatten
Gummiring
Wasser

Halte zwei saubere Glasplatten mit einem Zahnstocher auseinander und fixiere den Glaskeil mit einem Gummiring. Stellst du den Keil in gefärbtes Wasser, so zieht sich dieses im dünnen Bereich des Keils durch die Adhäsion hoch.

V15 Glasrohrverbiegung E1

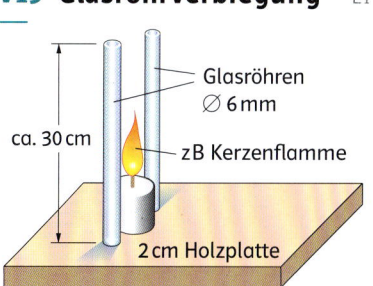

Glasröhren ⌀ 6 mm
ca. 30 cm
zB Kerzenflamme
2 cm Holzplatte

Befestige zwei Glasröhren parallel auf einer Holzplatte und erwärme ihre Innenseiten mit einer Kerzenflamme.
Die Innenseiten der Röhren dehnen sich aus. Die Röhren verbiegen sich.

V16 Der Wachsschwund E1

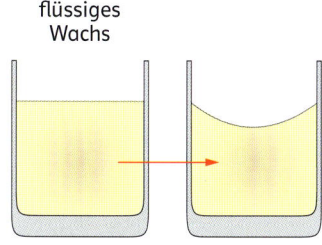

flüssiges Wachs

Gieße flüssiges Wachs in ein Gläschen und lass es auskühlen.
Das Volumen des Wachses wird beim Erstarren kleiner. Es bildet sich eine Vertiefung in der Mitte des Glases aus.

V17 Die Wasserdüse E1

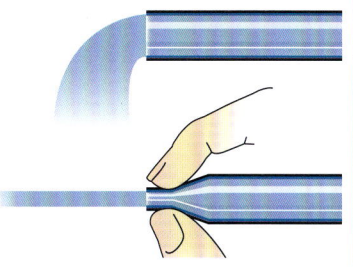

Hänge einen Gummischlauch an die Wasserleitung und lass das Wasser rinnen.
Beim Zusammendrücken der Öffnung verkleinerst du den Schlauchquerschnitt und erhöhst die Druckkraft des Wassers. Es spritzt weiter.

V18 Geruchsverschlüsse E1

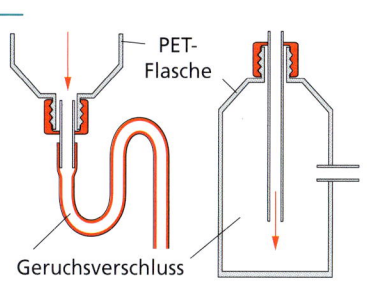

PET-Flasche
Geruchsverschluss

Baue diese zwei Geräte mit PET-Flaschen, Glasröhren und durchsichtigen Schläuchen nach. Was geschieht beim Eingießen des Wassers? Wie verhält sich der Wasserstand danach?

V19 Der Dosenspring- brunnen E1, E2

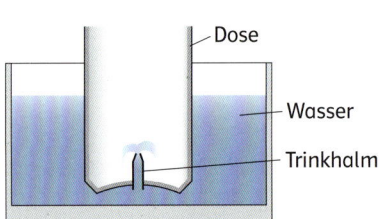

Mache in den Boden einer oben offenen Getränkedose ein Loch und klebe ein Stück Trinkhalm ein. Tauchst du die Dose tief ins Wasser, so spritzt das Wasser durch den Trinkhalm. Wie hoch maximal?

V20 Der Händedruck E1

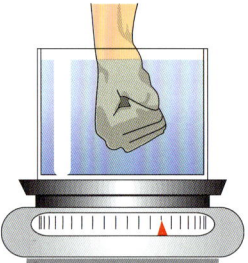

Baue die Versuchsvorrichtung wie in der Abbildung.
Drückst du die Wassersäule um 1 m in die Höhe, dann beträgt der Druck 0,1 bar.

V21 Korken an der Kette E1

Lege einen Korken mit einem Kettchen in ein Gefäß und fülle dieses mit Wasser.
Der Korken steigt auf, bis sein Gewicht (samt Kettchen) gleich dem Gewicht des verdrängten Wassers ist. Wie hoch steigt der Korken in Salzwasser?

V22 Gleich schwer? E1

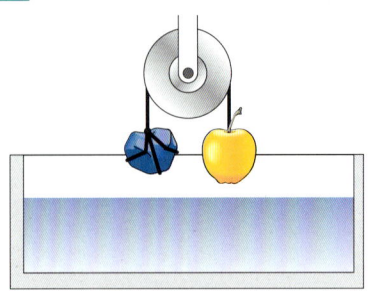

Hänge zwei in der Luft gleich schwere Körper (zB Knetmasse und Apfel) mit einer Schnur über eine Rolle. Tauchst du beide Körper ins Wasser, so ändert sich das Gleichgewicht durch den unterschiedlichen Auftrieb der Körper.

V23 Das Faustvolumen E1

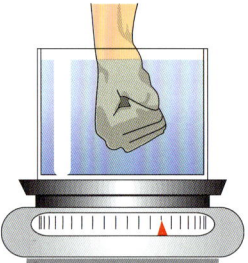

Stelle ein größeres Gefäß mit Wasser auf eine Küchenwaage. Merke dir die darauf angezeigte Gewichtskraft (100 g ≙ 1 N). Beim Eintauchen der Faust entspricht jedes zusätzliche Gramm 1 cm³ Volumen der Faust.

V24 Der gefangene Ball E1

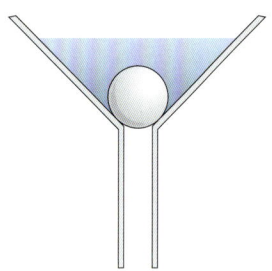

Lege einen Tischtennisball in einen Trichter. Halte ihn und gieße Wasser in den Trichter.
Lässt du den Ball los, so wird er vom Wasserdruck am Boden gehalten, da dieser an der Ballunterseite fehlt.

V25 Der Rosinentanz E1

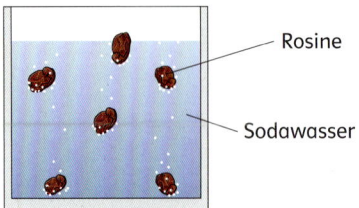

Gib ein paar Rosinen in frisches Sodawasser mit viel Kohlenstoffdioxid. Die Rosinen gehen anfangs unter, werden aber durch Gasbläschen, die sich darauf bilden, an die Oberfläche getragen. Die Bläschen platzen und die Rosinen sinken wieder.

V26 Schale, gehorche! E1

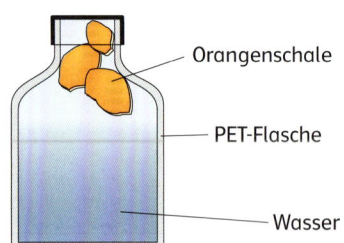

Gib einige kleine Stückchen einer Orangenschale in eine PET-Flasche. Fülle diese voll mit Wasser und verschließe sie.
Drückst du die Flasche fest zusammen, so verringern sich das Volumen und der Auftrieb der Schalen. Sie sinken.

V27 Ei schwimmt – oder nicht? E1

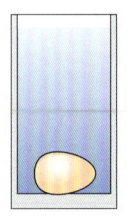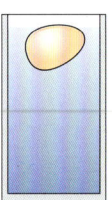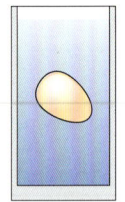

Fülle ein Glas mit Wasser, eines mit konzentriertem Salzwasser. Im letzten Glas überschichtest du Salzwasser mit reinem Wasser. Legst du je ein Ei in die Gläser, so sinkt es im Wasser und schwimmt im Salzwasser. Im dritten Glas scheint es zu schweben.

V28 Springbrunnen E1

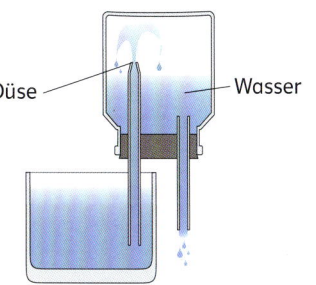

Düse · Wasser

Bau eine Versuchsanordnung wie in der Abbildung. Die obere Flasche stellst du erst vor Versuchsbeginn auf den Kopf. Halte dabei das rechte Rohr zu.
Lässt du das Wasser aus dem Rohr ausfließen, so spritzt der Springbrunnen.

V29 Das Glas will rein! E1

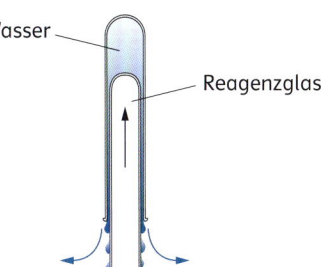

Wasser · Reagenzglas

Stecke ein passendes Reagenzglas in ein größeres, das mit Wasser gefüllt ist. Drehe beide Gläser um. Während das Wasser ausfließt, wird das kleinere Glas vom Luftdruck in das größere Glas gedrückt.

V30 Dosendrücken E1

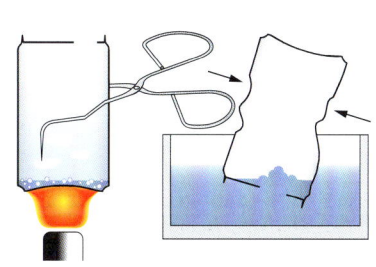

Gib wenig Wasser in eine Alu-Getränkedose. Halte sie mit einer Tiegelzange und erhitze das Wasser bis zum Sieden.
Halte die Dose schnell mit der Öffnung nach unten in ein Gefäß mit kaltem Wasser. Noch bevor Wasser eindringen kann, ist die Dose vom Luftdruck zerdrückt.

V31 Das Auftriebsgas E1

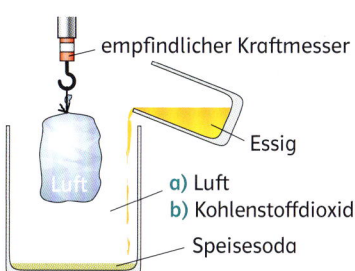

empfindlicher Kraftmesser · Essig · Luft · a) Luft · b) Kohlenstoffdioxid · Speisesoda

Hänge einen luftgefüllten Mistsack in ein Gefäß, das a) mit Luft, b) mit Kohlenstoffdioxid (aus zB Speisesoda und Essig) gefüllt ist. Miss den Auftrieb des Sackes mit einem empfindlichen Kraftmesser.

V32 Der Tragflächentest E1

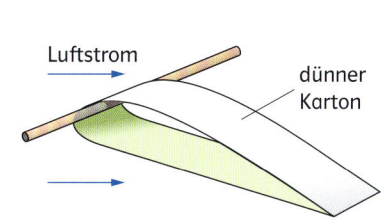

Luftstrom · dünner Karton

Baue ein Tragflächenmodell aus dünnem Karton und hänge es beweglich auf ein Holzstäbchen. Blase das Modell an.
Wie kannst du erreichen, dass sich das Modell nach oben bewegt?

V33 Die Magnus-Rolle E1, S4

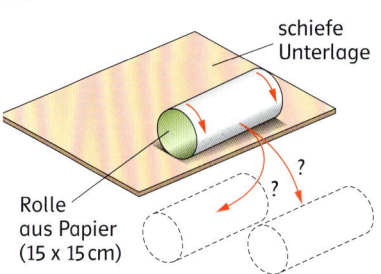

schiefe Unterlage · Rolle aus Papier (15 x 15 cm)

Lass eine Papierrolle aus etwa 1 m Höhe abrollen.
Wie wirkt sich der Drall der Rolle auf ihr „Flugverhalten" aus? Erkläre mit dem Magnus-Effekt.

V34 Zusammenblasen! E1

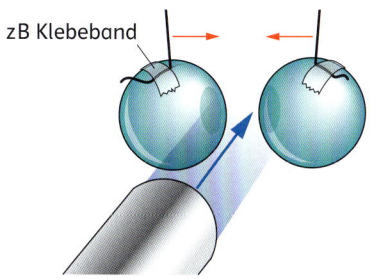

zB Klebeband

Hänge zwei Tischtennisbälle an Fäden nebeneinander auf und blase dazwischen durch.
Je stärker du bläst, desto stärker bewegen sich die Bälle aufeinander zu.

V35 Der Papiergleiter E1

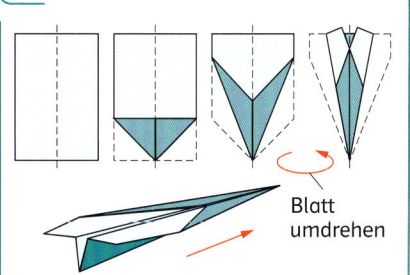

Blatt umdrehen

Falte aus einem Stück Kopierpapier nach der Anleitung einen Gleitflieger.
Steuere sein Flugverhalten durch Verbiegen der hinteren Flügelteile.

V36 Der Ringgleiter E1

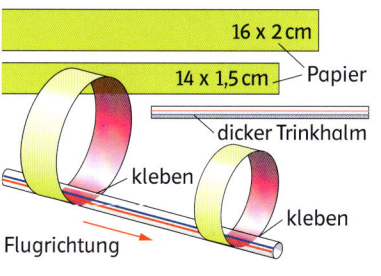

16 x 2 cm · 14 x 1,5 cm · Papier · dicker Trinkhalm · kleben · kleben · Flugrichtung

Bastle einen Gleitflieger mit Ringflügeln.
Die ringförmigen Papierstreifen wirken als Tragflächen.

1. Der Strömungswiderstand eines Körpers ist umso kleiner,

W1

☐ je größer die Querschnittsfläche des umströmten Körpers ist,

☐ je besser die Stromlinienform des umströmten Körpers ist,

☐ je größer die Strömungsgeschwindigkeit ist.

2. Streiche die Körper mit geringem Strömungswiderstand durch.

W1

Fallschirm   Fisch   Bootsrumpf   Segel   Ruder   Rennauto
Vogel   Flugzeug   Laubblatt   Schachtel   Kugel   Rennrad

3. Wenn eine Schallquelle schneller schwingt, so

W1

☐ wird der Ton höher,   ☐ bleibt der Ton gleich,   ☐ wird der Ton tiefer.

4. Bei ☐ hohen, ☐ tiefen, ☐ leisen, ☐ lauten   Tönen schwingen Schallquellen schwächer als bei

W1

☐ hohen, ☐ tiefen, ☐ leisen, ☐ lauten   Tönen.

5. In Wasser ist der Schall ☐ schneller, ☐ langsamer   als in Luft.

W1

„Schallwellen" sind ☐ Luftströmungen, ☐ Verdichtungen und Verdünnungen der Luft.

Die „Lautstärke" (= der Schalldruck) gibt an, wie ☐ schnell, ☐ stark   eine Schallquelle schwingt

und wird in ☐ Hertz, ☐ Mikropascal   gemessen.

Die „Frequenz" gibt die ☐ Lautstärke, ☐ Höhe   eines Tons an und wird

in ☐ Hertz, ☐ Mikropascal   gemessen.

6. Die Schallgeschwindigkeit in der Luft beträgt etwa ☐ $340 \frac{km}{h}$, ☐ $340 \frac{m}{s}$, ☐ $340 \frac{km}{s}$.

W1

Du zählst 15 Sekunden zwischen Blitz und Donner. Wie weit ist das Gewitter etwa entfernt? _____

7. Der Auftrieb eines Ballons ist so groß wie ☐ das Volumen, ☐ das Gewicht, ☐ die Masse   der von ihm

W1

verdrängten Luft.

Wenn der Auftrieb größer ist als sein Gewicht, so ☐ steigt, ☐ sinkt, ☐ schwebt   der Ballon.

Wenn der Auftrieb kleiner ist als sein Gewicht, so ☐ steigt, ☐ sinkt, ☐ schwebt   der Ballon.

Wenn der Auftrieb gleich dem Gewicht ist, so ☐ steigt, ☐ sinkt, ☐ schwebt   der Ballon.

8. An der Oberseite einer Tragfläche entsteht ein ☐ Unterdruck, ☐ Überdruck.

W1

An der Unterseite einer Tragfläche entsteht ein ☐ Unterdruck, ☐ Überdruck.

Male den Bereich mit verdünnter Luft blau, den Bereich mit verdichteter Luft rot an.

Plus

9. Erkläre anhand der Zeichnung, wie der Strömungswiderstand entsteht.

W1

_____

_____

_____

Wo befinden sich Bereiche mit Überdruck und Unterdruck des strömenden Mediums? Beschrifte!

10. Zeichne die Strömungen um diese Körper ungefähr ein.

W1, E2

Welcher Körper hat den größten, welcher den geringsten Strömungswiderstand?

11. Ordne die Schallzeichnungen den passenden Schallbildern zu:

W1

A leiser, tiefer Ton B lauter, tiefer Ton C leiser, hoher Ton D lauter, hoher Ton E leiser werdender Ton
F lauter werdender Ton G Geräusch

12. In Flughöhe (ca. 10 000 m) beträgt die Schallgeschwindigkeit etwa 300 $\frac{m}{s}$. Ein Flugzeug fliegt mit 0,8-facher Schall-

W1

geschwindigkeit („Mach 0,8"). Wie viele km legt es pro Stunde zurück?

_____

13. Ein Ballon mit 10 g Masse ist mit 12 l Helium $\left(\varrho = 0{,}18\ \frac{g}{dm^3}\right)$ gefüllt.

W1

Kann er eine Grußkarte mit der Masse von 8 g tragen?

Gewichtskraft des Ballons: _____

Gewichtskraft der Gasfüllung: _____

Gewichtskraft der verdrängten Luft $\left(\varrho = 1{,}3\ \frac{g}{dm^3}\right)$: _____

Tragkraft des Ballons: _____

Der Ballon kann die Grußkarte tragen? ☐ Ja ☐ Nein

14. Wo sind bei diesen Zeichnungen Bereiche mit kleinem Luftdruck?

W1, W4

Welche Folgen haben die Druckunterschiede jeweils?

Anmerkungen zu den Versuchen

Seite 7

V2

1c … 1,67 x 16,25 mm	20c … 2,14 x 22,25 mm
2c … 1,67 x 18,75 mm	50c … 2,38 x 24,25 mm
5c … 1,67 x 21,25 mm	1 € … 2,33 x 23,25 mm
10c … 1,93 x 19,75 mm	2 € … 2,20 x 25,75 mm

Seite 10/11

V1

Praktisch wäre es, wenn der Zug eine möglichst lange gerade Strecke fahren kann. Der Zug soll nicht zu schnell fahren.

V2

Ermittle zunächst, wie weit das Spielzeug fahren kann! Verwende dein Handy als Stoppuhr oder Taschenrechner.

V3

Die Höhe der Glöckchen muss gut eingestellt werden, damit sie zwar klingen, aber die Kugel nicht behindern.

Seite 12/13

V2

Der Zwirn muss das 1-kg-Massestück aushalten!

V4

Dichtebestimmungswürfel sollten sich in der Physiksammlung der Schule befinden. Die Würfel in Abb. 13.4 bestehen aus Magnesium und Wolfram.

Seite 14/15

V1

Besonders eindrucksvoll ist der Versuch, wenn man starke „Neodymmagnete" zur Hand hat.

V2

Man könnte auf die Tafel auch eine Zielscheibe zeichnen. Verwendet man größere Papierkügelchen oder bläst man stärker, so erhöht sich die Druckkraft.

Seite 16/17

V3

Zum Durchbrennen der Fixierung eignet sich eine kleine Kerze.

V5

Johann Andreas von Segner (1704–1777) erfand ein Wasserrad auf Rückstoßbasis, das als Vorläufer der heutigen Turbinen gilt. Manche Rasensprenger nutzen das Prinzip der sich drehenden Wasserdüsen.

V6

Verwende einen Trinkhalm ohne Knick und eine glatte Nylonschnur. Natürlich kann man den Ballon auch ohne Führung durch die Luft trudeln lassen!

Seite 18/19

V1

Natürlich wird bei jeder Personenwaage die Anzeige in „kg" angegeben. Dies ist aber unkorrekt, da diese „Waage" im Prinzip ein Kraftmesser ist.

V2

Gewicht auf der Erde (F_G): Masse mal 9,81
Gewicht am Mond: F_G mal 0,16
Gewicht auf der Sonne: F_G mal 28
Gewicht am Jupiter: F_G mal 2,53

V3

Im schwerelosen Zustand gibt es kein „oben" und „unten". Luft und Flummi schwimmen nicht, die Murmel sinkt nicht im Wasser.

Seite 20/21

V1

Statt des Brettes kannst du ein steifes Buch verwenden.

V4

Statt des Löffels kannst du andere längliche Gegenstände (Hammer, Esslöffel …) verwenden. Sie sollten in labiler Lage den Schwerpunkt weit oben haben, damit die Ausgleichsbewegungen langsamer ablaufen können.

Seite 22/23

V1

Bespannst du das Brett mit Leder oder Schaumgummi, rutschen die Schachteln nicht weg!

V4

Du musst die Holzquader so stapeln, dass der Gesamtschwerpunkt des Turms gerade noch über der Auflagefläche liegt und die Schwerpunkte der einzelnen Klötze noch übereinander liegen.

V6

Fixiere den Spieß im Tropfaufsatz mit Heißkleber. Statt eines Tropfaufsatzes kannst du auch einen gebohrten Korken verwenden.

Seite 26/27

V5

Verwende zwei gleichartige PET-Flaschen.

Seite 28/29

V2

Bei b) wird nicht nur die Reibungsarbeit, sondern auch Hubarbeit verrichtet.

V3

Die Kraft, die zum Dehnen benötigt wird, wird umso größer, je stärker die Feder gedehnt ist. Daher nimmt man den Mittelwert der gemessenen Kraft.

Seite 30/31
V1

Eindrucksvoller ist der Versuch, wenn das Pendel an einer möglichst langen Aufhängung an der Zimmerdecke hängt. Verwende keine allzu schweren Massestücke!

V4

Nimm einen dicken Karton als Unterlage.

V5

Nicht auf Personen schießen!

Seite 32/33
V2

Gib Ringe von den Fingern. Sie verursachen einen stärkeren Druck und führen zum Brechen der Schale.

Seite 34/35
V1

Nein, denn bei längeren Türklinken hätte man das Problem, dass das Klinkenmaterial zu schwer wäre. Die Tür würde sich von selbst öffnen!

Seite 40/41
V17

Liegt die gedachte Verlängerung des gezogenen Zwirnfadens vor dem Auflagepunkt, so rollt die Spule von dir weg (3. Bild). Liegt sie hinter dem Auflagepunkt, so rollt sie zu dir hin (1. und 2. Bild).

V18

Du kannst die Fließgeschwindigkeit des Wassers und den Radius des Wasserrades vergrößern.

Seite 44/45
V1

Um die Verdunstung zu beschleunigen, kann ein wenig Parfum auch in eine flache Schale oder auf ein Stück Papier getropft werden.

V2

Als Schale eignet sich ein flacher weißer Teller oder eine größere Petrischale.

Seite 46/47
V2

Achte darauf, dass im Glas keine Spülmittelreste sind. Spüle zur Sicherheit mit kaltem Wasser aus.
Tipp: Kaltes Wasser hat eine größere Oberflächenspannung als warmes!

V3

Siehe V2. Sollte der Reißnagel ständig untergehen, ist er wahrscheinlich zu groß oder mit Spülmittel verunreinigt. Versuche auch andere Metallgegenstände: Nadeln, Büroklammern, Drahtgitter …

V4

Seifenblasenring: Biege aus dickerem Draht einen Ring mit etwa 20 cm Durchmesser. Lass etwas Draht als Griff herausragen. Umwickle den Ring mit Wolle.
Die Lösung kauft man besser im Spielzeugfachhandel.

Seite 48/49
V1

Für diese Versuchsreihe eignet sich ein Digitalthermometer mit einer Anzeigegenauigkeit von 0,1 °C.

V2

Kein kochend heißes Wasser verwenden! Das heiße Wasser der Wasserleitung genügt. Die Experimentatorin oder der Experimentator soll auch schätzen, wie viel °C die Wasserproben haben.

V3

Das Reagenzglas in ein Stativ spannen. Wasser nicht kochen lassen! Spiritus (= Ethanol) siedet bereits bei 78 °C.

Seite 50/51
V1

Den Ring mit der Eisenkugel findest du in der Schulsammlung. Als Ersatzversuch dient zB V15 auf Seite 83.

V3

Der Kolben sollte vorher im Kühlschrank gekühlt werden. Nach dem Erwärmen kann er mit Kältespray (Elektronikbedarf) besprüht werden.

LV1

Verletzungsgefahr! Schutzbrille verwenden!

V5

Du kannst auch Wickelpapier von Süßigkeiten verwenden. Manchmal haben diese eine Aluminiumschicht auf Papier aufgebracht.

Seite 52/53
V1

Das Wägestück darf nicht fallen gelassen werden. Es soll auf dem Gegenstand ruhig aufsitzen. Das Stück mit der kleinsten Auflagefläche und der größten Druckkraft wird am tiefsten in das Styropor gedrückt.

V2

Fertigung des Nagelbretts: Stecke Nägel (80 oder 60 mm) durch eine dünnere Holzplatte, in der du die Löcher bereits vorgebohrt hast. Die Nägel sollen einen Abstand von ca. 1 cm zueinander haben.

Seite 54/55
V1

Spritzenverschluss: Entferne mit einer Zange die Nadel einer Spritzenkanüle vom Kunststoffansatz. Stecke den Ansatz auf eine leere Spritze. Halte ihn über eine Kerzen-

flamme, bis die Spitze leicht anschmilzt. Ziehe mit der Spritze den Kunststoff in die Ansatzöffnung.
Beachte, dass du keine Luftblase in der Spritze einschließt. Luft lässt sich nämlich zusammendrücken!

V4 und V6

Halte die Schlauchenden beim Drücken fest, damit sie sich nicht von den Spritzenansätzen lösen!

Seite 56/57
V5

Als Düse eignet sich eine gläserne Pasteurpipette.

Seite 58/59
V1

Um die Töpfe ins Gleichgewicht zu bringen, musst du eventuell einen Topf mit etwas Knetmasse beschweren.

V4

Eine gesättigte Kochsalzlösung hat eine Dichte von etwa $1{,}3\,\frac{g}{cm^3}$.

V5

Damit das Wasser gut ausrinnen kann, gibst du zur Senkung der Oberflächenspannung einen Tropfen Spülmittel ins Wasser.
Hänge den Körper mit einem Magnethaken an die Dose.

V6

Als „Goldklumpen" eignen sich Goldmünzen aus der Münzsammlung. Man kann aber auch mit Goldfarbe bemalte Bleistücke verwenden. Die Krone fertigt man am besten aus Messingblech und beschwert sie mit Nägeln.

Seite 60/61
V2

Das Speiseöl lässt sich mit Spiritus überschichten. Darauf schwimmt zB Styropor.

V3

Eine entsprechende Glaspipette findest du in Nasentropfenfläschchen. Entferne den Kunststoffverschluss! Teste in einem Wasserglas aus, ob die teilweise gefüllte Pipette schwimmt.

Seite 62/63
V2

Als Flasche eignet sich eine Aluminium-Trinkflasche, da sie sich schneller erwärmt.

V3

Als Gummihaut verwendest du einen Gummihandschuh oder Luftballon. Fixiere ihn mit einem Wollfaden.

V4

Besonders gut eignen sich Haftscheiben zum Heben von Glasplatten ($\varnothing$ ca. 10 cm), deren Gummidichtungen sich durch einen Hebel anheben lassen.

V5

Geeignete Flaschen sind zB Glasflaschen von Tomatensaucen. Bei zu engem Hals lässt sich das Ei nicht „herausblasen"!
Die Flaschenöffnung kannst du mit Glycerol („Glyzerin") rutschiger machen.

V6

Damit die Spritze beim Entspannen wieder in die Ausgangsstellung zurückgeht, nimmst du eine Spritze mit Gummidichtung und ölst diese ein wenig ein.
„Spritzenverschluss" → Anmerkungen zu Seite 54/55, V1

Seite 64/65
V1

Statt einer Karte kannst du auch ein foliertes Blatt Papier verwenden. Normales Papier nimmt Wasser auf und wellt sich womöglich. Glas nicht schräg halten!

V4

Als Gummihaut verwende einen Gummihandschuh. Achte beim „Marmeladeglasbarometer" darauf, dass du es nicht mit der Hand erwärmst. Sonst erhöht sich der Luftdruck! Die Thermosflasche beim zweiten Gerät ist zu diesem Zweck angeführt.

Seite 66/67
V2

Statt des Glasrohres kannst du einen durchsichtigen Schlauch verwenden und in etwa 2–3 m Höhe befestigen.

V4

Verwende kein Glasrohr! Verletzungsgefahr! Nimm ein dünnes Metallrohr aus dem Baufachhandel.

Seite 70/71
V2

Anstelle des Pfeffers kannst du auch Lycopodium (Bärlappsporen) oder Sägemehl verwenden.

V3

Geeignete Körper (Kugel, Halbkugel, Kreisscheibe, Stromlinienkörper) sind meist in der Schulsammlung vorhanden. Du kannst dir aber auch Schaumstoffkörper aus dem Bastelgeschäft besorgen.
Zum Feststellen der Verwirbelungen bindest du einen Wollfaden (ca. 15–20 cm) an ein dünnes Stäbchen.

Seite 72/73
V1

Hast du mehrere Gläser zur Hand, kannst du sie unterschiedlich hoch mit Wasser füllen und evtl. der Tonleiter nach stimmen.

V4

Es eignet sich ein PVC-Schlauch aus dem Baumarkt.

V5

Befestigung der Schnur am Becher: Bohre ein Loch durch den Becherboden und führe die Schnur durch. Binde zur Fixierung ein Stück Zahnstocher an die Schnur.

Seite 74/75
V4

Statt der Blattfeder kannst du auch ein Kunststofflineal verwenden.

V5

Ultraschall-Tiervertreiber sind im Elektronikfachhandel zu bekommen. Die Tonhöhe sollte stufenlos regelbar sein und im hörbaren Bereich beginnen, zB „Multifrequenz 8 bis 40 kHz".
Werden Menschen älter, so haben sich die Sinneszellen für höhere Töne in der Hörschnecke bereits abgenutzt. Daher hören ältere Menschen hohe Töne nicht mehr so gut wie junge.

Seite 76/77
V1

Bei höherer Spannung wird der Ton höher.

V2

Die Trommel darf kein Naturfell haben! Eine ausgediente Schlagzeugtrommel reicht aus. Eventuell den Rand mit Silikon abdichten.

V3

Der Trichter verstärkt den Schall, indem er ihn in eine bevorzugte Richtung lenkt.

V4

Bei $\frac{1}{5}$ der Länge befindet sich ein „Schwingungsknoten", an dem das Rohr in Ruhe bleibt.

Seite 78/79
V1

Im Lehrerversuch kann auch ein Ballon mit Wasserstoff gefüllt werden.
Soll der Ballon länger aufbewahrt werden, nimmst du einen Ballon mit Aluminiumbeschichtung. Durch einen Gummiballon dringen die kleinen Heliumatome und Wasserstoffmoleküle durch.

Bei diesem Versuch wird die Tragkraft (= Auftriebskraft – Gewichtskraft) des Ballons gemessen.

V2

Fülle die Wanne mit Kohlenstoffdioxid mit einem Trinkwassersprudler, an dessen Dorn du einen Schlauch steckst. Decke dabei die Wanne mit einer Platte ab. Man kann auch Trockeneisstücke in die Wanne legen.

V3

Die Blasen sinken allmählich, weil Kohlenstoffdioxid durch die Seifenhaut dringt.

V5

Ist die Schnur zu leicht, musst du sie mit kleinen Gewichten (Büroklammern …) beschweren.

V6

Beim Ballon muss sein Schwerpunkt tiefer sitzen als der Angriffspunkt der Auftriebskraft (Volumsmittelpunkt). Durch die Beschwerung wird dies erreicht.

Seite 80/81
V2

Aufgrund der unregelmäßigen Eischale und der Form dreht sich das Ei im Luftstrom weniger oder gar nicht, wodurch der Magnus-Effekt meist ausbleibt.
Das ausgeblasene Ei kann man mit Deckfarben und einem weichen Pinsel im Luftstrom auch anmalen – wenn man geschickt genug ist.

V5

Als Karton zur Fertigung der Tragfläche eignet sich zB Bastelwellpappe sehr gut.

Seite 82 bis 85
V18

Beim Eingießen rinnt das Wasser ab. Danach bleibt das Wasser im ersten Modell in der U-förmigen Biegung und im zweiten Modell in der Flasche bis zum seitlichen Abfluss stehen und verschließt somit den Abfluss.

V19

Das Wasser spritzt höchstens bis zum Wasserspiegel der Wanne.

V21

Der Korken steigt in Salzwasser durch den stärkeren Auftrieb höher.

V27

Konzentriertes Salzwasser: Löse so viel Salz unter Rühren in Wasser auf, bis ein Bodensatz bleibt.

V32

Blase über das Tragflächenmodell hinweg!

V33

Auf der Seite, die sich mit dem Luftstrom dreht, entsteht ein Unterdruck. Auf der Seite, die sich gegen den Luftstrom dreht, entsteht ein Überdruck. Die Rolle fällt in einem Bogen hinunter.

Tabellen

Maßeinheiten

Hier findest du einen Überblick über physikalische Grundbegriffe und Maßeinheiten, die du in der 2. Klasse kennen gelernt hast:

physikal. Begriff	Formelzeichen	engl. Bezeichnung	Messgeräte	Maßeinheit
Masse	m	mass	Waage	1 Kilogramm (kg)
Weg	s	space	Lineal, Maßband …	1 Meter (m)
Zeit	t	time	Uhr	1 Sekunde (s)
Geschwindigkeit	v	velocity	Tachometer, Anemometer, Radargeräte	$1\frac{m}{s}$; $1\frac{km}{h}$
Dichte	ϱ (gr. „rho")	density	Aräometer (für Flüssigkeiten)	$1\frac{kg}{m^3}$; $1\frac{g}{cm^3}$
Volumen	V	volume	Messglas	1 Kubikmeter (m³) 1 Liter (l)
Fläche	A	area	–	1 Quadratmeter (m²)
Kraft	F	force	Kraftmesser	1 Newton (N)
Temperatur	T	temperature	Thermometer	1 Grad Celsius (°C); 1 Kelvin (K)
Druck	p	pressure	Manometer, Barometer	1 Pascal (Pa); 1 Bar (bar)
Arbeit	W	work	–	1 Newtonmeter (Nm)
Energie	E	energy	–	1 Joule (J)
Leistung	P	power	–	1 Watt (W)
Frequenz	f	frequency	Stimmgerät (für Instrumente)	1 Hertz (Hz)

Physikalische Formeln

Formeln sind Kurzschreibweisen von mathematischen Zusammenhängen. Hier ist eine Übersicht von Formeln, die du in der 2. Klasse kennen gelernt hast.

physikal. Begriff	Berechnungsformel	Kurzschreibweise
Geschwindigkeit v	Weg : Zeit	$v = s : t$
Beschleunigung a	Geschwindigkeit : Zeit	$a = v : t$
Dichte ϱ	Masse : Volumen	$\varrho = m : V$
Arbeit W	Kraft · Weg	$W = F \cdot s$
Leistung P	Arbeit : Zeit	$P = W : t$
Drehmoment M	Kraft · Kraftarm	$M = F \cdot r$
Hebelgesetz	Kraft$_1$ · Kraftarm$_1$ = Kraft$_2$ · Kraftarm$_2$	$F_1 \cdot r_1 = F_2 \cdot r_2$
Druck p	Druckkraft : Fläche	$p = F : A$

Vorsilben bei Maßeinheiten

In der Mathematik und in der Physik verwendet man viele Maßeinheiten, die dich sicher auch manchmal verwirren. Die folgende Tabelle kann dir helfen, unser Einheitensystem besser zu verstehen.

Du kennst sicher die Bezeichnungen Kilogramm, Kilometer, Kilojoule … Die Vorsilbe „kilo" ist nichts anderes als ein Wort für die Zahl 1000.
Wenn du das einmal weißt, ist es für dich sicher einfacher dir zu merken, dass zB 1 Kilogramm 1000 Gramm sind oder dass 2 Terabyte Speicherplatz auf einer Festplatte 2 Billionen Byte bedeuten.

Name	Abkürzung	Wert		Bedeutung
Yotta	Y	x 1 000 000 000 000 000 000 000 000	Quadrillion	ital. *otto* … acht $(10^3)^8 = 10^{24}$
Zetta	Z	x 1 000 000 000 000 000 000 000	Trilliarde	ital. *sette* … sieben $(10^3)^7 = 10^{21}$
Exa	E	x 1 000 000 000 000 000 000	Trillion	gr. *hexákis* … sechsmal $(10^3)^6 = 10^{18}$
Peta	P	x 1 000 000 000 000 000	Billiarde	gr. *pentákis* … fünfmal $(10^3)^5 = 10^{15}$
Tera	T	x 1 000 000 000 000	Billion	gr. *téras* … Ungeheuer
Giga	G	x 1 000 000 000	Milliarde	gr. *gígas* … Riese
Mega	M	x 1 000 000	Million	gr. *mégas* … groß
Kilo	k	x 1 000	Tausend	gr. *chílioi* … tausend
Hekto	h	x 100	Hundert	gr. *hekatón* … hundert
Deka	da	x 10	Zehn	gr. *déka* … zehn
EINHEIT		x 1	Eins	
Dezi	d	x 0,1	Zehntel	lat. *decimus* … zehnter
Zenti	c	x 0,01	Hundertstel	lat. *centesimus* … hundertster
Milli	m	x 0,001	Tausendstel	lat. *millesimus* … tausendster
Mikro	μ (gr. „Mü")	x 0,000 001	Millionstel	gr. *mikrós* … klein
Nano	n	x 0,000 000 001	Milliardstel	gr. *nános* und ital. *nano* … Zwerg
Piko	p	x 0,000 000 000 001	Billionstel	ital. *piccolo* … klein
Femto	f	x 0,000 000 000 000 001	Billiardstel	skand. *femton* … fünfzehn (10^{-15})
Atto	a	x 0,000 000 000 000 000 001	Trillionstel	skand. *arton* … achtzehn (10^{-18})
Zepto	z	x 0,000 000 000 000 000 000 001	Trilliardstel	lat. *septem* … sieben $(10^{-3})^7 = 10^{-21}$
Yokto	y	x 0,000 000 000 000 000 000 000 001	Quadrillionstel	lat. *octo* … acht $(10^{-3})^8 = 10^{-24}$

Die Dichte einiger Stoffe

Die Dichte bedeutet, **wie viel Masse in einer Raumeinheit** eines Stoffes enthalten ist. Sie ist eine typische Eigenschaft von Stoffen und wird in $\frac{g}{cm^3} \left(= \frac{kg}{dm^3} = \frac{t}{m^3} \right)$ angegeben.

Bei gasförmigen Stoffen verwendet man die Einheit $\frac{g}{dm^3} \left(= \frac{g}{l} = \frac{kg}{m^3} \right)$.
Hier findest du Dichtetabellen einiger Stoffe.

feste Stoffe bei 20 °C in $\frac{g}{cm^3}$	
Iridium	22,56
Platin	21,45
Gold	19,32
Wolfram	19,3
Blei	11,34
Silber	10,49
Kupfer	8,92
Messing	8,3–8,6
Eisen	7,87
Stahl	ca. 7,8
Aluminium	2,7
Marmor	2,7
Glas	ca. 2,5
Kochsalz (NaCl)	2,17
Magnesium	1,74
Ziegel	1,5
Eis bei 0 °C	0,92
Eichenholz	ca. 0,9
Fichtenholz	ca. 0,5
Kork	0,24
Seide	0,06
Schaumstoff	0,02–0,05

flüssige Stoffe bei 20 °C in $\frac{g}{cm^3}$	
Quecksilber	13,55
Schwefelsäure	1,85
Honig	ca. 1,4
Salzwasser (gesättigt)	ca. 1,3
Milch	1,03
Meerwasser	1,02
Wasser bei 4 °C	1
Wasser bei 20 °C	0,998
Speiseöle	ca. 0,9
Petroleum	0,8
Ethanol („Weingeist", „Spiritus", „Alkohol")	0,79
Diethylether („Ether")	0,72
Benzin	0,7–0,8

gasförmige Stoffe in $\frac{g}{dm^3}$	
Kohlenstoffdioxid bei 0 °C	1,98
Argon bei 0 °C	1,78
Sauerstoffgas bei 0 °C	1,43
Luft bei 0 °C	1,29
Stickstoffgas bei 0 °C	1,25
Luft bei 100 °C	0,95
Wasserdampf bei 100 °C	0,6
Helium bei 0 °C	0,18
Wasserstoffgas bei 0 °C	0,09

Register